村镇供水行业专业技术人员技能培训丛书

供水机电运行与维护3

供水泵站机电设备运行维护管理

主编 庄中霞 副主编 尹六寓 苏晨茜

中国水利水电出版社
www.waterpub.com.cn

内 容 提 要

本书是“村镇供水行业专业技术人员技能培训丛书”中的《供水机电运行与维护》系列第3分册，详尽介绍了供水泵站机电设备运行维护管理。全书共分8章，包括供水机电维护基本知识，常用变压器与电动机的运行维护及故障处理，开关电器和保护电器的运行检查、事故处理与检修，泵站常用其他电气设备的使用与维护，电力线路和照明设备及其运行维护，建筑防雷与接地，控制和信号的回路，离心泵机组的经济运行等内容。

本书采用图文并茂的编写形式，内容既简洁又不失完整性，深入浅出，通俗易懂，非常适合村镇供水从业人员岗位学习参考，亦可作为职业资格考核鉴定的培训用书。

图书在版编目（CIP）数据

供水机电运行与维护. 3, 供水泵站机电设备运行维护管理 / 庄中霞主编. -- 北京 : 中国水利水电出版社, 2015.10
（村镇供水行业专业技术人员技能培训丛书）
ISBN 978-7-5170-3774-3

Ⅰ. ①供… Ⅱ. ①庄… Ⅲ. ①给水排水泵－机电设备－运行②给水排水泵－机电设备－维修 Ⅳ. ①TV734 ②TH38

中国版本图书馆CIP数据核字(2015)第255976号

书 名	村镇供水行业专业技术人员技能培训丛书 **供水机电运行与维护 3** **供水泵站机电设备运行维护管理**
作 者	主编 庄中霞 副主编 尹六寓 苏晨茜
出版发行	中国水利水电出版社 （北京市海淀区玉渊潭南路1号D座 100038） 网址：www.waterpub.com.cn E-mail：sales@waterpub.com.cn 电话：(010) 68367658（发行部）
经 售	北京科水图书销售中心（零售） 电话：(010) 88383994、63202643、68545874 全国各地新华书店和相关出版物销售网点
排 版	中国水利水电出版社微机排版中心
印 刷	三河市鑫金马印装有限公司
规 格	140mm×203mm 32开本 3.875印张 104千字
版 次	2015年10月第1版 2015年10月第1次印刷
印 数	0001—3000册
定 价	**15.00**元

凡购买我社图书，如有缺页、倒页、脱页的，本社发行部负责调换

版权所有·侵权必究

《村镇供水行业专业技术人员技能培训丛书》

编写委员会

主　任：刘　敏

副主任：江　洧　胡振才

编委会成员：黄其忠　凌　刚　邱国强　曾志军
陈燕国　贾建业　张芳枝　夏宏生
赵奎霞　兰　冰　朱官平　尹六寓
庄中霞　危加阳　张竹仙　钟　雯
滕云志　曾　文

项目责任人：张　云　谭　渊

培训丛书主编：夏宏生

《供水水质检测》主编：夏宏生

《供水水质净化》主编：赵奎霞

《供水管道工》主编：尹六寓

《供水机电运行与维护》主编：庄中霞

《供水站综合管理员》主编：危加阳

序

近年来，各级政府和行业主管部门投入了大量人力、物力和财力建设农村饮水安全工程，而提高农村供水从业人员的专业技术和管理水平，是使上述工程发挥投资效益、可持续发展的关键措施。目前，各地乃至全国都在开展相关的培训工作，旨在以此方式提高基层供水单位的运行及管理的专业化水平。

与城市集中式供水相比，农村集中式供水是一项新型的、方兴未艾的事业，急需大量的、各层次的懂技术、会管理的专业人才，而基层人员又是重要的基础和保证。本丛书的编者们结合工程实践、提炼技术关键、总结管理经验，认真分析基层供水行业技术和管理人员的基础知识和认知能力，依据农村供水行业各工种岗位应知应会的要求，编写了这套由浅入深、图文并茂、通俗易懂、操作指导性强的系列丛书，以方便农村供水从业人员在日常工作中学习、查阅和操作。该丛书按照工种岗位职业资格标准编写，体现出了职业性、实用性、通俗性和前瞻性，可作为相关部门和企业定岗考核的重要参考依据，也可供各地行业主管部门作为培训的参考资料。

本丛书的出版是对我国现有农村供水行业读物的

一个新的补充和有益尝试，我从事农村饮水安全事业多年，能看到这样的读物出版，甚为欣慰，故以此为序。

2013年5月

前言

我国村镇集中式供水与城市供水相比是一项新兴的事业，开展村镇供水行业技术人员的培训是提高村镇供水从业人员技术和管理能力、推进在村镇供水行业中有步骤开展职业资格证制度的一项重要基础性工作。在总结广东省村镇供水行业技术人员培训工作和对现有村镇供水培训教材调研的基础上，编写一套针对性强，方便学习、查阅和指导日常操作的培训丛书是十分必要和迫切的。在广东省水利厅的大力支持下，组织有关专家编写了本套“村镇供水行业专业技术人员技能培训丛书”，以满足村镇供水从业人员技能培训和职业技能鉴定的需要。丛书以工种岗位职业资格标准为大纲，体现职业性、实用性、通俗性和前瞻性。

本丛书共包括《供水水质检测》《供水水质净化》《供水管道工》《供水机电运行与维护》《供水站综合管理员》等5个系列，每个系列又包括1～3本分册。丛书内容简明扼要、深入浅出、图文并茂、通俗易懂，具有易读、易记和易查的特点，非常适合村镇供水行业从业人员阅读和学习。丛书可作为培训考证的学习用书，也可作为从业人员岗位学习的参考书。

本丛书的出版是对现有村镇供水行业培训教材的一

个新的补充和尝试，如能得到广大读者的喜爱和同行的认可，将使我们倍感欣慰、备受鼓舞。

村镇供水从其管理和运行模式的角度来看是供水行业的一种新类型，因此编写本套丛书是一种尝试和挑战。在编写过程中，在邀请供水行业专家参与编写的基础上，还特别邀请了村镇供水的技术负责人与技术骨干担任丛书评审人员。由于对村镇供水行业从业人员认知能力的把握还需要不断提高，书中难免还有很多不足之处，恳请同行和读者提出宝贵意见，使培训丛书在使用中不断提高和日臻完善。

丛书编委会

2013 年 5 月

目 录

序

前言

第1章 供水机电维护基本知识……………………………… 1

1.1 泵站常用仪表 ………………………………………… 1

1.2 电气施工图的图例与内容 …………………………… 6

1.3 电工工具和常用仪表的使用方法…………………… 12

第2章 常用变压器与电动机的运行维护及故障处理 ……… 23

2.1 变压器运行中的检查与维护………………………… 23

2.2 变压器异常运行和常见故障分析处理……………… 25

2.3 异步电动机的运行与维护…………………………… 28

2.4 电动机常见故障及事故处理………………………… 31

第3章 开关电器和保护电器的运行检查、事故处理与检修 ……………………………………………… 34

3.1 高压断路器、隔离开关、负荷开关的运行检查、事故处理与检修……………………………………… 34

3.2 高压熔断器、互感器的运行检查、事故处理与检修…………………………………………………… 37

3.3 常用低压电器的运行检查、事故处理与检修……… 39

第4章 泵站常用其他电气设备的使用与维护 …………… 43

4.1 常用电气设备的使用与维护………………………… 43

4.2 常用泵站电量、物理量传感器设备的使用与维护…… 55

4.3 电力控制设备的使用与维护…………………………… 60
4.4 计算机设备及软件的使用与维修…………………………… 61
第5章 电力线路和照明设备及其运行维护 ………………… 64
5.1 电力线路概述…………………………………………… 64
5.2 电力线路的运行维护检查及故障处理………………… 66
5.3 常用电光源与灯具照明………………………………… 69
5.4 泵站主要照明设备的使用与维护……………………… 81
第6章 建筑防雷与接地 ………………………………… 85
6.1 雷电的形成及其危害…………………………………… 85
6.2 避雷装置………………………………………………… 86
6.3 建筑物防雷措施………………………………………… 89
6.4 接地的类型和作用……………………………………… 91
6.5 低压配电保护接地系统………………………………… 93
6.6 接地装置的安装………………………………………… 95
第7章 控制和信号的回路 ……………………………… 98
7.1 二次回路概述…………………………………………… 98
7.2 操作电源 ……………………………………………… 100
7.3 高压断路器控制回路 ………………………………… 102
7.4 中央信号装置 ………………………………………… 106
第8章 离心泵机组的经济运行………………………… 108
8.1 机组的日常维护保养 ………………………………… 108
8.2 综合单位电耗与经济运行 …………………………… 109

第1章　供水机电维护基本知识

1.1　泵站常用仪表

仪表是泵站设备的主要组成部分，在运行中起到监视水泵机组正常运行，及时反映异常现象和准确提供运行数据，为经济运行提供依据的重要作用。泵站的常用仪表分为出水计量表、水力仪表和电工仪表。

1.1.1　出水计量仪表

（1）文氏管流量计。文氏管流量计是由文氏管（作为差压发生部分）及流量记录仪两部分组成。

文氏管是根据文丘里原理设计，通过文氏管中间部分口径缩小，使流速增加同时降低压力，而压力的降低与流速的平方成正比。图1.1.1所示为文丘里（Venturi）流量计。根据这个原理，通过进口与喉管间的压力表来测量流量，其关系式如下：

$$Q=KA_1\sqrt{\frac{2g\Delta h}{\left(\frac{A_1}{A_2}\right)^2-1}}$$

式中　Q——流量，m^3/s；

K——校正系数（在不同流速的情况下用实验方法求得，一般为0.97～0.99）；

A_1——进出口直径部分断面面积，m^2；

A_2——喉管部分断面面积，m^2；

Δh——文氏管进口与喉管处的压力差，mH_2O；

g——重力加速度，$9.81m/s^2$。

流量记录仪用差压变送器，差压变送器有DBC和CECC型

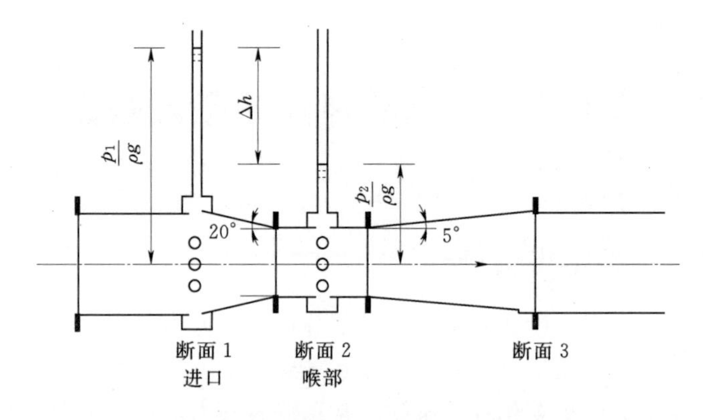

图 1.1.1　文丘里（Venturi）流量计

两种型号，其输出信号送入开方计算器，数据自动记录的电子式配套仪表，并与输入微机进行实时数据处理和自动打印供水量数据。

文氏管流量计管理方便、水头损失小、准确性高，即使在小流量时亦能清晰显示流量的变化情况，但在安装时文氏管前后必须有 8～10 倍进口直径的距离，其间不得安装闸门、弯头、支管等任何管件，口径一般为 50～2000mm。

（2）电磁流量计。电磁流量计由电磁流量变送器、电磁流量转换器和电动单元组合仪表配套组成，用来测量导电液体的流量。

作为电磁流量计主要元件的电磁流量变送器，是根据法拉第电磁感应原理工作的，当导电液沿测量管在交变磁场中与磁力线垂直方向运动时，导电液切割磁力线而产生感应电势，在与测量管轴线和磁场磁力线相互垂直的管壁上安装了一对检测电板，把这个感应电势检出，根据感应电势和管径，磁力线密度可按下列公式计算出流量，通过转换器放大后输出 0～10mA 直流信号。

$$Q=\frac{\pi}{4}\times\frac{E}{B}D\times10^{3}$$

式中　Q——流量，cm^3/s；

E——产生的电动势，V；

B——磁力线密度，CGS；

D——管径，cm。

它并与 DDZ－Ⅱ型或 DDZ－Ⅲ型电动单元组合仪表配套，对流量进行记录、计算、调节控制等。

电磁流量计的特点为结构简单，在测量管内无活动及束流部件，被测介质是在无阻流的光滑直管内流过，几乎没有压力损失。安装、使用方便，对前置直管段的要求不严，但在安装时要考虑检查并严密封闭，电磁流量计的变送器应防止浸水。

（3）超声波流量计。超声波流量计是目前较新颖的流量测量技术，是一种非接触式的测量仪表，可应用于导声的流体。在管道外侧上、下游处设置换能器（或称探头），利用流体传播超声波，采用时频法测量流速，经变换后可显示瞬间流量并由 6 位电磁计数器显示累计流量。

其流速的计算公式如下：

$$v=\frac{l_p\Delta T}{2T_1(T_1+\Delta T)\cos\theta}$$

$$\Delta T=T_2-T_1$$

式中　v——介质沿管轴方向的流速，m/s；

l_p——声道长度，m；

T_1——超声信号，从换能器 1 至换能器 2 的传播时间，s；

T_2——超声信号，从换能器 2 至换能器 1 的传播时间，s。

通过超声信号传播时间及时间差求得与流量成正比例的介质流速 v，然后利用专门的积分方法自动计算出流量。

超声波流量计的特点是夹装在测量管道的外径上，不接触流体，所以是无压力损失、不干扰流速、能节约能源、并适用于大口径的流量计。因该流量计的造价基本上与被测管道的口径大小无关，所以口径愈大，优点愈显著，安装维修方便，不需要切断流体，不影响管道内流体的正常流通。

国内大型超声波流量计一般由电子组合和超声波换能器两部分组成。有夹装式和1－4声道混式两种类型，其直管段长度和精度为：单声道、夹装式、混式直管段大于20倍管径时精度为1.5%；双声道、混式直管段大于10倍管径时精度为1%；四声道、混式直管段大于5倍管径时精度为0.5%。

（4）均速管流量计。均速管流量计是由笛型均速管、差压变速器、开方计算器和自动记录仪等组成，是适用于大口径管道测量流量的仪表。其主要部件为笛型均速管，它由壳体和正负导压管等组成，壳体的一侧开有4个（或8个）$\phi 8$孔径的感受孔，插入水管中接受迎来的流速。在壳体内部经自动平均后由正负导压管输出平均压差，经差压变送器转换为0～10mA直流电信号再输入开方计算器计算瞬时流量和累积流量，瞬时流量进行自动连续记录，其计算公式如下：

$$Q=V_w \frac{\pi}{4}D^2$$

$$V_w=C\sqrt{2g\Delta H}$$

式中 Q——输水管流量；

V_w——平均流速；

D——输水管管径；

ΔH——均速管的差压；

C——流速系数（经实际测定进行标定采取0.62）。

均速管流量计是属于速度型的一种流量计，它是从毕托管流速计演变而来的，其优点是利用具有数理根据的科学开孔法，直接输出平均压差换算成水管断面上平均流速，从而得到水管的流量，并且具有结构简单、使用方便、造价低廉、可自行加工制造的特点。

1.1.2 水力仪表

（1）压力表。压力表装在水泵的出水管上，指示水泵的出水压力，也称为出水扬程，压力表一般采用单圈弹簧管压力表，实行法定计量单位后，压力表的计量单位改为兆帕（MPa），如扬程以米水柱计，1MPa 相当于 102m 水柱。图 1.1.2 所示为常用流量计与压力表。

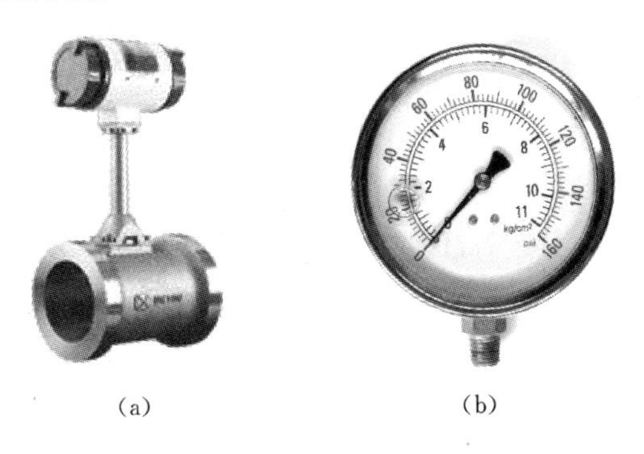

(a)　　　　(b)

图 1.1.2　常用流量计与压力表

(a) 流量计；(b) 压力表

【例 1.1.1】 压力表读数为 0.5MPa，则其扬程为多少米水柱高?

解： 如扬程以米水柱高度计，1MPa 相等于 102m 水柱。则其扬程为 51m 水柱高。

(2) 真空表。真空表装在水泵的吸水管上，指示水泵的吸水真空值也称为吸水扬程，真空表一般采用单圈弹簧管真空表，实行法定计量单位后，真空表的计量单位为兆帕（MPa），其最大真空值为 0.1013MPa，相当于 760mmHg 标准大气压，以米水柱计 1MPa 相当于 102m。

【例 1.1.2】 真空表读数为 0.06MP，则其最大真空值应为多少?

解： 如扬程以米水柱高度计，1MPa 相等于 102m 水柱。则其最大真空值应为 0.06×102＝6.12m。相对压强为－6.12m，即比一个大气压低的值。

(3) 压力真空联成表。水泵安装在地下式或半地下式的泵房内，从清水池吸水，清水池的水位有时会高于水泵轴线以上产生压力，因此在水泵吸水管上应装置压力真空联成表对正负压力都能指示，从而得到正确的计量。压力真空联成表的结构由压力和真空值两部分组成，0 位以上为压力部分，0 位以下为真空值部分，现计量单位一般为兆帕（MPa）。

1.1.3 电工仪表

详见《供水机电运行与维护》系列第 2 分册中 1.4。

1.2 电气施工图的图例与内容

1.2.1 常用电气施工图的图例

为了简化作图，国家有关标准制定部门和一些设计单位有针对性地对常见的材料构件、施工方法等规定了一些固定的画法式样，有的还附有文字符号标注。表 1.2.1～表 1.2.5 是实际电气施工图常用的一些图例画法部分示例，根据它们可以方便地读懂电气施工图。

表 1.2.1　　线路走向方式代号

序号	名称	图形符号	说明	序号	名称	图形符号	说明
1	向上配线		方向不得随意旋转	5	由上引来		
2	向下配线		宜注明箱、线编号及来龙去脉	6	由上引来向下配线		
3	垂直通过			7	由下引来向上配线		
4	由下引来						

表 1.2.2　灯具类型型号代号

序号	名称	图形符号	说明	序号	名称	图形符号	说明
1	灯		灯或信号灯一般符号	7	吸顶灯		
2	投光灯			8	壁灯		
3	荧光灯	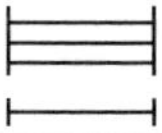	示例为 3 管荧光灯	9	花灯		
4	应急灯		自带电源的事故照明灯装置	10	弯灯		
5	气体放电灯辅助设	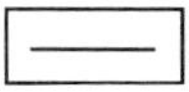	公用于与光源不在一起的辅助设施	11	安全灯		
6	球形灯			12	防爆灯		

表 1.2.3　照明开关在平面布置图上的图形符号

序号	名称	图形符号	说明	序号	名称	图形符号	说明
1	开关		开关一般符号	5	单级拉线开关		
2	单级开关		分别表示明装、暗装、密闭（防水）、防爆	6	单级双控拉线开关		
				7	双控开关	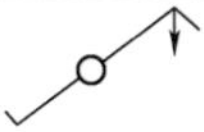	
3	双级开关	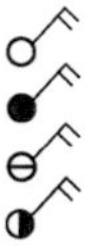	分别表示明装、暗装、密闭（防水）、防爆	8	带指示灯开关		
				9	定时开关	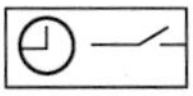	
4	三级开关		分别表示明装、暗装、密闭（防水）、防爆	10	多拉开关		

表 1.2.4　　　　插座在平面布置图上的图形符号

序号	名称	图形符号	说明	序号	名称	图形符号	说明
1	插座		插座的一般符号，表示一个级	5	多孔插座		示出三个
2	单相插座		分别表示明装、暗装、密闭（防水）、防爆	6	三相四孔插座		分别表示明装、暗装、密闭（防水）、防爆
3	单相三孔插座		分别表示明装、暗装、密闭（防水）、防爆	7	带开关插座		带一单级开关
4	三级开关		分别表示明装、暗装、密闭（防水）、防爆	8	多拉开关		

表 1.2.5　　　　接线原理图型号代号

序号	名称	图形符号	说明	序号	名称	图形符号	说明
1	多级开关一般符号		动合（常开）触点	5	动合触点形式一		操作器件被吸合时延时闭合
2	动断（常闭）触点		水平方向上开下闭	6	动合触点形式二		
3	转换触点		先断后合	7	动合触点形式一		操作器件被释放时延时断开
4	双向触点		中间断开	8	动合触点形式二		

续表

序号	名称	图形符号	说明	序号	名称	图形符号	说明
9	隔离开关一般符号			13	有功功率表	WH	
10	负荷开关一般符号			14	无功功率表	Var	
11	接触器一般开关			15	接触器一般符号		在非动作位置触点闭合
12	热继电器一般符号			16	接触器一般符号		自动释放

电气图纸中的图例如果是由国家统一规定的称为国标符号，由有关部委颁布的称为部标符号。另外一些大的设计院还有其内部的补充规定，即所谓院标，或称之为习惯标注符号。而《电气简图用图形符号》（GB 4728）各版本的制定参照采用了国际标准《绘图用图符号》（IEC617）。

我国的全部电气产品、制图书刊多采用《电气简图用图形符号》（GB 4728—2008）的标准，其他图例请按要求在标准中查阅。但如果电气设计图纸里采用了非标准符号，应列出图例。

1.2.2 电气施工图的内容

施工图是建设单位编制标底及施工单位编制施工图预算进行投标和结算的依据，同时，它也是施工单位进行施工和监理单位进行工程质量监控的重要工程文件。

一套完整的施工图，内容以图纸为主，图纸一般应包含以下内容：

（1）图纸目录。列出新绘制的图纸、所选用的标准图纸或重复利用的图纸等的编号及名称。

（2）设计总说明（即首页）。内容一般包括施工图的设计依据；设计指导思想；本工程项目的设计规模和工程概况；电气材料的用料和施工要求说明；主要设备规格型号；采用新材料、新技术或者特殊要求的做法说明；系统图和平面图中没有交代清楚的内容，例如，进户线的距地标高、配电箱的安装高度、部分干线和支线的敷设方式和部位、导线种类和规格及截面积大小等内容。对于简单的工程，可在电气图纸上写成文字说明。

（3）配电系统图。它能表示整体电力系统的配电关系或配电方案。从配电系统图中能够看到该工程配电的规格、各级控制关系、各级控制设备和保护设备的规格容量、各路负荷用电容量及导线规格等。

（4）平面图。它表征了建筑各层的照明、动力、电话等电气设备的平面位置和线路走向。它是安装电器和敷设支路管线的依据。根据用电负荷的不同而分为照明平面图、动力平面图、防雷平面图、电话平面图等。

（5）大样图。表示电气安装工程中的局部做法明晰图，例如机房安装大样图、变压器安装大样图等。在电气设备安装施工图集中有大量的标准做法大样图。

（6）二次接线图。它表示电气仪表、互感器、继电器及其他控制回路的接线图。例如加工非标准配电箱就需要配电系统图和二次接线图。

（7）设备材料表。为了便于施工单位计算材料、采购电气设备、编制工程概（预）算和编制施工组织计划等方面的需要，电气工程图纸上要列出主要设备材料表。表中应列出主要电气设备材料的规格、型号、数量以及有关的重要数据，要求与图纸一致，而且要按照序号编号。设备材料表是电气施工图中不可缺少的内容。

此外，还有电气原理图、设备布置图、安装接线图等。

电气施工图根据功能、电气设计内容不同，通常可分为内线工程和外线工程两大部分。

内线工程包括：变配电系统图、照明系统图、动力系统图、电话工程系统图、共用天线电视系统图、防雷系统图、消防系统图、防盗保安系统图、广播系统图、空调配电系统图等。

外线工程包括：架空线路图、电路线路图、室外电源配电线路图等。

1.2.3 电气施工图的识读方法

要正确识读电气施工图，要做到以下几点：

(1) 要熟知图纸的规格、图标、设计中的图线、比例、字体和尺寸标注方式等。

1) 图纸的规格。国家制图标准规定图纸幅面和尺寸有 A0、A1、A2、A3、A4 等 5 种规格。

2) 图标。图标一般放在图纸的右下角，其主要内容可能因设计单位的不同而有所不同，大致包括图纸的名称、比例、设计的单位、制图人、设计人、专业负责人、工程负责人、校对人、审核人、审定人、完成日期等。工程设计图标均应设置在图纸的右下角，紧靠图框线。

3) 尺寸和比例。工程图纸上标注的尺寸通常采用毫米 (mm) 为单位，在总平面图和首层平面上标明指北针。图形比例应该遵守国家制图标准。标准序列为：1∶10、1∶20、1∶50、1∶100、1∶150、1∶200、1∶400、1∶500、1∶1000、1∶2000。普通照明平面图多采用 1∶100 的比例，特殊情况下，也可使用 1∶50 和 1∶200。大样图可适当放大比例。电气接线图可不按比例绘制示意图。

(2) 根据图纸目录检查和了解图纸的类别及张数，应及时配齐标准图和重复利用图。

(3) 按图纸目录顺序识读施工图，对工程对象的建设地点、周围环境、工程范围有一个全面的了解。

(4) 阅图时，应按照先整体后局部、先文字说明后图样、先图形后尺寸等原则仔细阅读。

(5) 注意各类图纸之间的联系，以避免发生矛盾而造成事故和经济损失。例如配电系统图和平面图可以相互验证。

(6) 认真阅读设计施工说明书，明确工程对施工的要求，根据材料清单做好订货的准备。

1.3 电工工具和常用仪表的使用方法

1.3.1 常用电工工具及其使用

（1）电工常用工具。电工常用工具有钢丝钳、尖嘴钳、剥线钳、螺丝刀、活络扳手、电工刀、验电笔等，见表1.3.1。

表1.3.1 电工常用工具及其使用方法

名称	示意图	使用说明
钢丝钳	钳口 切口 齿口 侧口 绝缘管 钳头 钳柄	钢丝钳是一种夹持器件（如螺丝、铁钉等物件）或剪切金属导线的工具。钳口用来绞弯或钳夹导线；齿口用来旋紧或起松螺母，也可以用来绞紧导线接头和放松接头；切口用来剪切导线或拔起铁钉；铡口用来剪切钢丝、铁丝等较硬的金属丝。钢丝钳的结构及握持，如左图所示。通常选用150mm、175mm或200mm带绝缘柄的钢丝钳。使用时注意： 1. 要注意保护好钳柄绝缘管，以免碰伤而造成触电事故； 2. 钢丝钳不能当做敲打工具
尖嘴钳	绝缘管 钳头 钳柄	尖嘴钳与钢丝钳相仿，由于尖嘴钳的钳头较细长，因此能在狭小的工作空间操作。如用于灯座、开关内的线头固定等。尖嘴钳的结构及握持如左图所示。 通常选用带绝缘柄的130mm、160mm、180mm或200mm尖嘴钳。使用时注意： 1. 要注意保护好钳柄绝缘管，以免碰伤而造成触电事故； 2. 尖嘴钳不能当做敲打工具

续表

名称	示意图	使用说明
剥线钳	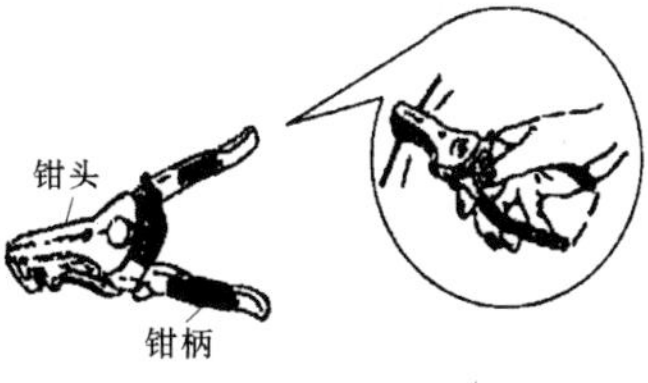 钳头 钳柄	剥线钳是用来剥除截面积为 $6mm^2$ 以下塑料或橡胶电线端部（又称“线头”）绝缘层的专用工具。它由钳头和钳柄组成。钳头有多个刃口，直径为 0.5～3mm；钳柄上装有塑料绝缘套管，绝缘套管的耐压为 500V，如左图所示。 通常选用带绝缘柄 140mm 和 180mm 剥线钳。 使用时注意：要根据不同的线径来选择剥线钳的不同刃口
螺丝刀	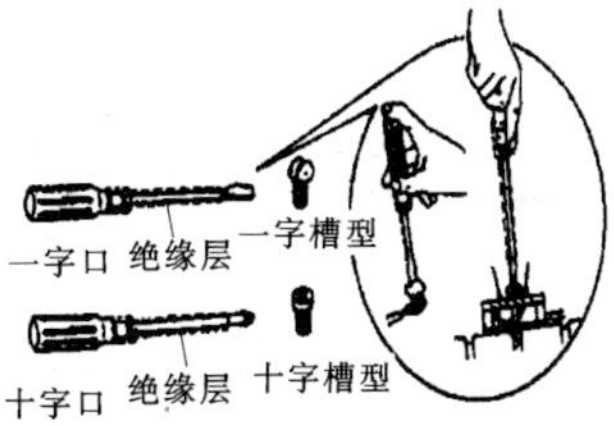 一字口 绝缘层 一字槽型 十字口 绝缘层 十字槽型	螺丝刀是一种用来旋紧或起松螺丝、螺钉的工具。在使用小螺丝刀时，一般用拇指和中指夹持螺丝刀柄，食指顶住柄端；使用大螺丝刀时，除拇指、食指和中指用力夹住螺丝刀柄外，手掌还应顶住柄端，用力旋转螺丝，即可旋紧或旋松螺丝。螺丝刀顺时针方向旋转，旋紧螺丝；螺丝刀逆时针方向旋转，起松螺丝。螺丝刀的结构及握持如左图所示。使用时注意： 1. 根据螺丝大小、规格选用相应尺寸的螺丝刀； 2. 不能使用穿心螺丝刀； 3. 螺丝刀不能当凿子用

续表

名称	示意图	使用说明
活络扳手	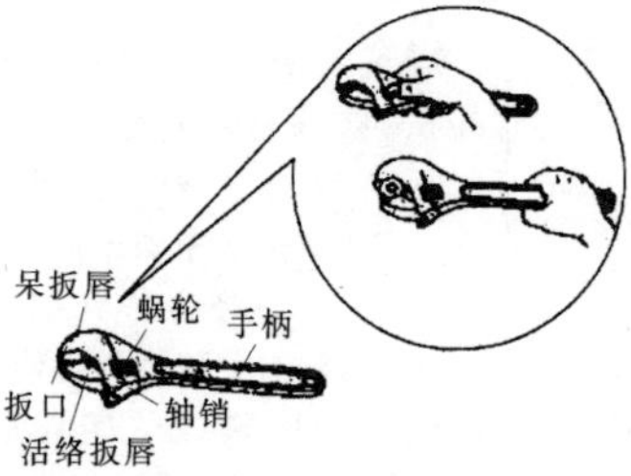 呆扳唇 蜗轮 手柄 扳口 轴销 活络扳唇	活络扳手是一种在一定范围内旋紧或旋松六角、四角螺栓、螺母的专用工具。活络扳手的结构及握持如左图所示。使用时注意： 1. 要根据螺母、螺栓的大小选用相应规格的活络扳手； 2. 活络扳手的开口调节应以既能夹持螺母又能方便地提取扳手、转换角度为宜； 3. 活络扳手不能当铁锤用
电工刀	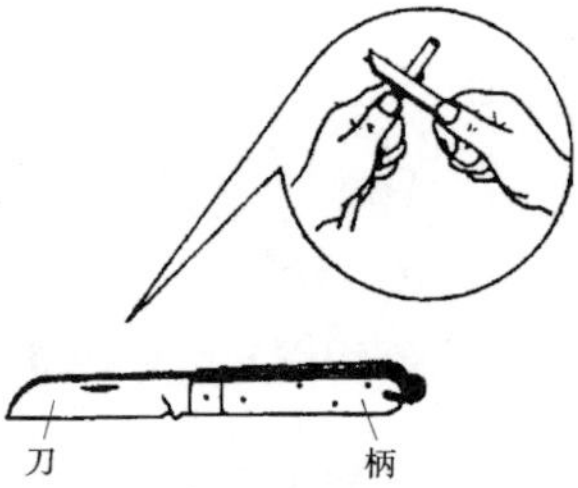 刀 柄	电工刀是一种切削电工器材（如剥削导线绝缘层、切削木枕等）的工具。电工刀的结构及握持如左图所示。使用时注意： 1. 刀口应朝外进行操作。在剥削电线绝缘层时，刀口要放平一点，以免割伤电线的线芯； 2. 电工刀的刀柄是不绝缘的，因此禁止带电使用； 3. 使用后要及时把刀身折入刀柄内，以免刀刃受损或危及人身、割破皮肤
验电笔	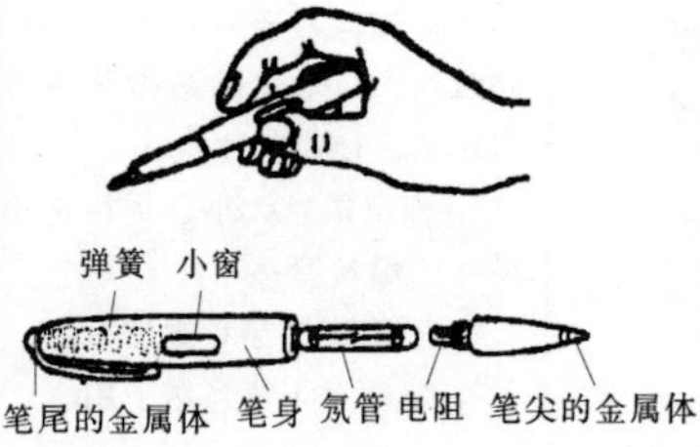 弹簧 小窗 笔尾的金属体 笔身 氖管 电阻 笔尖的金属体	验电笔是一种用来测试导线、开关、插座等电器是否带电的工具。使用时，以手指握住验电笔笔身，以食指触及验电笔尾部的金属体（或钢笔式的笔套），食指如果不接触验电笔尾部的金属体，即使被测体带电，氖泡也不会发光。验电笔的结构及握持如左图所示。使用时注意： 1. 在光线很亮的地方应用手遮挡光线，以便看清氖泡是否发光； 2. 握持验电笔的手，千万不可触及测电的金属体，以防发生触电事故

（2）电工辅助工具。电工常用的辅助工具有钢锯、铁锤、钢凿、冲击电钻、电烙铁，以及电工包和电工工具套等，见表1.3.2。

表1.3.2　　电工常用辅助工具及其使用方法

名称	示意图	使用说明
钢锯	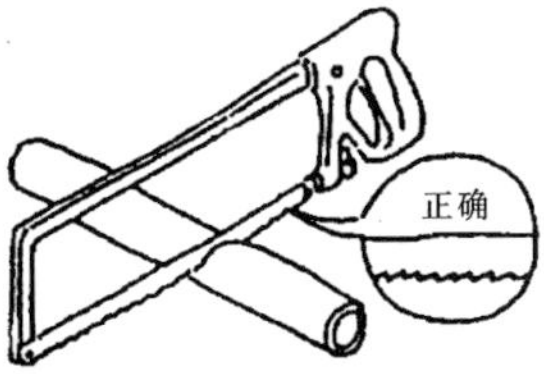 正确	钢锯是一种用来锯割金属材料及塑料管等其他非金属材料的工具。 钢锯的结构如左图所示。 使用时注意：右手满握锯柄，控制锯割推力和压力，左手轻扶锯弓架前端，配合右手扶正钢锯，用力不要过大，均匀推拉
铁锤	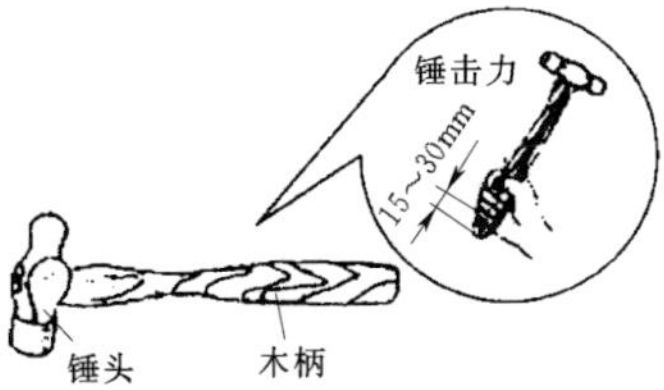 锤击力 15～30mm 锤头 木柄	铁锤是一种用来锤击的工具。如拆装电动机轴承、锤打铁钉等。 铁锤的结构及握持如左图所示。 使用时注意：右手应握在木柄的尾部，才能使出较大的力量。在锤击时，用力要均匀、落锤点要准确
钢凿	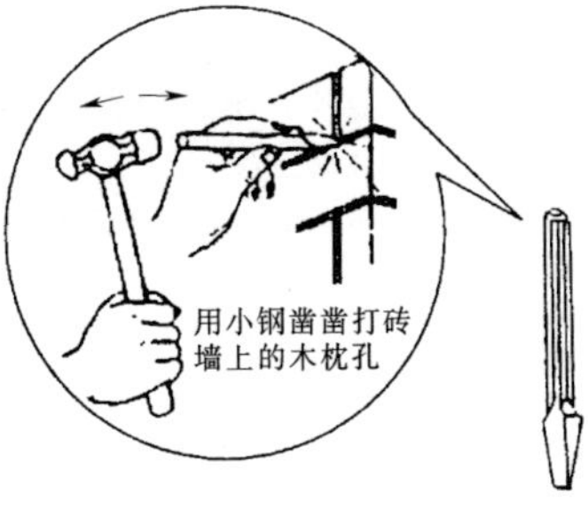 用小钢凿凿打砖墙上的木枕孔	钢凿是一种用来专门凿打砖墙上安装孔（如暗开关、插座盒孔、木砧孔）的工具。 钢凿的结构及握持如左图所示。 使用时注意：在凿打过程中，应准确保持钢凿的位置，挥动铁锤力的方向与钢凿中心线一致

续表

名称	示意图	使用说明
冲击电钻	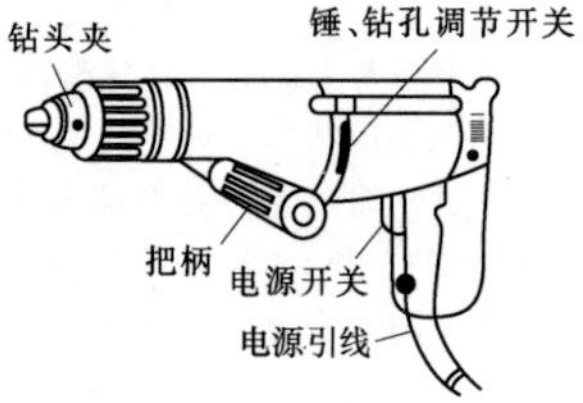 钻头夹 锤、钻孔调节开关 把柄 电源开关 电源引线 (a)冲击钻  (b)冲击钻头	冲击电钻是一种既可使用普通麻花钻头在金属材料上钻孔，也可使用冲击钻头在砖墙、混凝土等处钻孔，供膨胀螺栓使用的工具。 冲击电钻的结构如左图所示。 使用时注意： 1. 电钻外壳要采取接地保护措施，电钻到电源的导线采用橡胶软护套线，应使用三芯线，其黑线作为接地保护线； 2. 使用前要检查电钻外观有无损伤，无损伤才可插入电源插座。同时用验电笔测试电钻外壳，只有在外壳不带电时才可以使用电钻； 3. 钻不同直径的孔应选用相应的钻头； 4. 冲击孔时，右手应握紧手柄，左手持握把柄，用力要均匀； 5. 对转速可以调整的电钻，在使用前选择好适当的挡位，禁止在使用时中途换挡
电烙铁	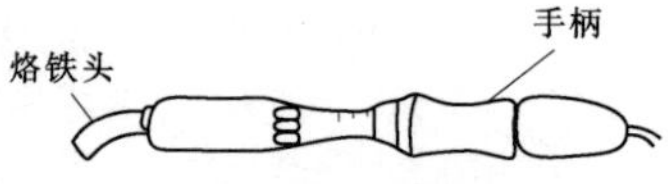 烙铁头 手柄 (a)大功率电烙铁 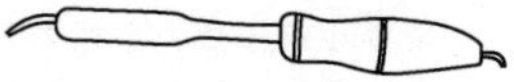 (b)小功率电烙铁	电烙铁是一种用来焊接铜导线、铜接头和对铜连接件进行镀锡的工具。 电烙铁的结构如左图所示。 使用时注意： 1. 要根据焊接物体的大小选用电烙铁； 2. 焊接不同导线或元件时，应掌握好不同的焊接时间（温度）； 3. 应及时清除电烙铁头上的氧化物

续表

名称	示意图	使用说明
电工包和电工工具套	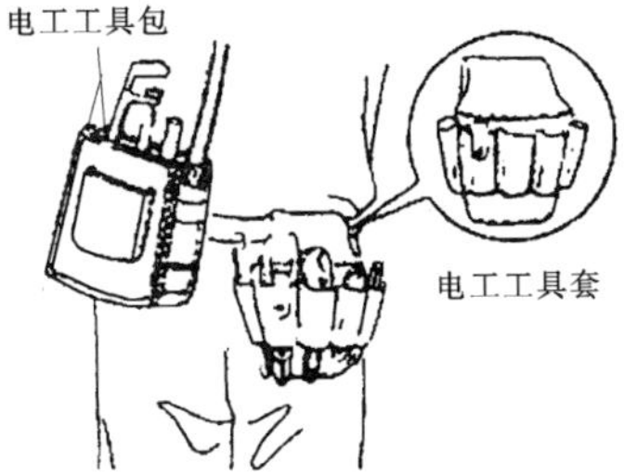	电工包和电工工具套是用来放置随身携带的常用工具或零星电工器材（如灯头、开关、螺丝、保险丝、胶布）等的包套。 电工包和电工工具套的佩戴如左图所示。 使用时注意： 1. 电工工具套可用皮带系结在腰间，置于右臀部，工具插入工具套中，便于随手取用； 2. 电工包横跨在左侧，内有零星电工器材和辅助工具，以便外出使用

1.3.2 常用仪表及其使用

电工常用的仪表有万用表、兆欧表、钳形电流表、转速表和电能表等。

（1）万用表。万用表是一种多用途的测量仪表，一般用来测量直流电流、直流电压、交流电压和电阻等，其外形结构及操作步骤见表1.3.3。

表1.3.3　　万用表的使用

项目	示意图	使用说明
使用前	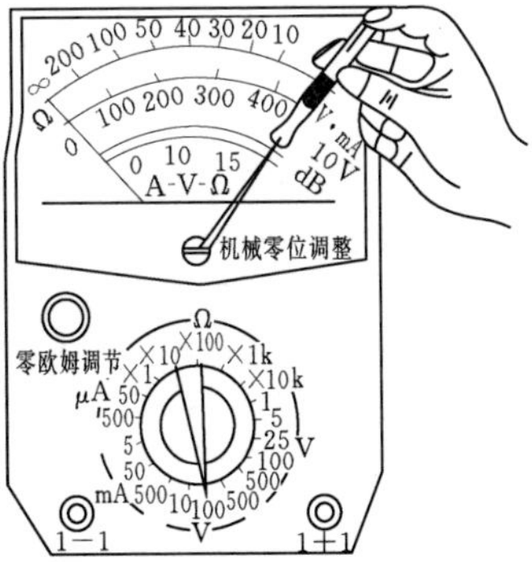 进行机械零位调整	1. 万用表应水平放置； 2. 万用表指针不在“零”位时，可以利用螺丝刀对机械零位调整器进行调整，使指针指在“零”刻度线上

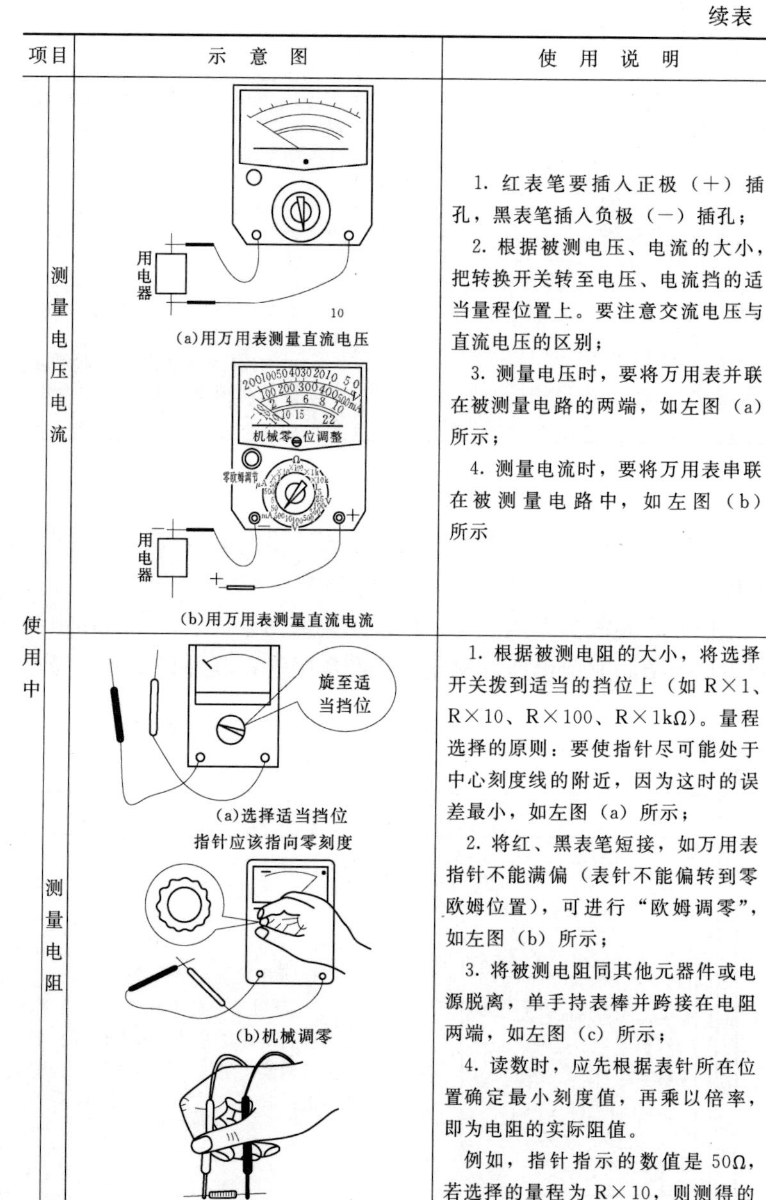

项目		示意图	使用说明
使用中	测量电压电流	(a)用万用表测量直流电压 (b)用万用表测量直流电流	1. 红表笔要插入正极（+）插孔，黑表笔插入负极（−）插孔； 2. 根据被测电压、电流的大小，把转换开关转至电压、电流挡的适当量程位置上。要注意交流电压与直流电压的区别； 3. 测量电压时，要将万用表并联在被测量电路的两端，如左图（a）所示； 4. 测量电流时，要将万用表串联在被测量电路中，如左图（b）所示
	测量电阻	(a)选择适当挡位 (b)机械调零 (c)测量阻值	1. 根据被测电阻的大小，将选择开关拨到适当的挡位上（如 R×1、R×10、R×100、R×1kΩ）。量程选择的原则：要使指针尽可能处于中心刻度线的附近，因为这时的误差最小，如左图（a）所示； 2. 将红、黑表笔短接，如万用表指针不能满偏（表针不能偏转到零欧姆位置），可进行“欧姆调零”，如左图（b）所示； 3. 将被测电阻同其他元器件或电源脱离，单手持表棒并跨接在电阻两端，如左图（c）所示； 4. 读数时，应先根据表针所在位置确定最小刻度值，再乘以倍率，即为电阻的实际阻值。 例如，指针指示的数值是 50Ω，若选择的量程为 R×10，则测得的电阻值为 500Ω

续表

项目	示意图	使用说明
使用后	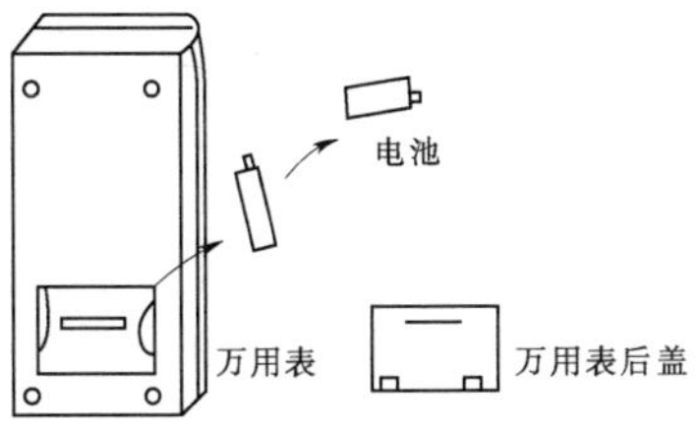 电池 万用表 万用表后盖	1. 将选择开关拨到OFF或最高电压挡，防止下次开始测量时不慎烧坏万用表； 2. 长期搁置不用时，应将万用表中的电池取出； 3. 平时万用表要保持干燥、清洁，严禁振动和机械冲击

（2）兆欧表。兆欧表又称摇表。它的用途很广泛，不但可以测量高电阻，而且可以测量电气设备和电气线路的绝缘程度。兆欧表外形及测量电动机（绝缘程度）的方法见表1.3.4。

表1.3.4　兆欧表测量电气设备（绝缘程度）的方法

步骤		示意图	使用方法
使用前	放置要求	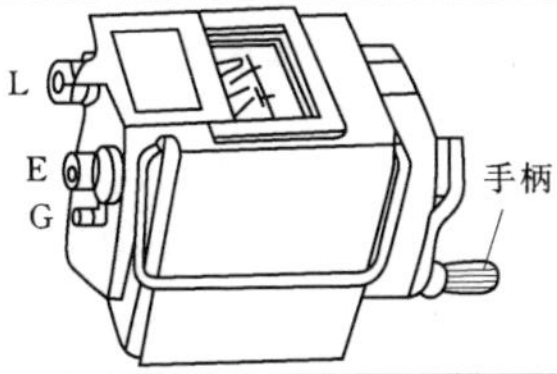 L E G 手柄	兆欧表有3个接线端子（线路“L”端子、接地“E”端子、屏蔽“G”端子），这三个接线端按照测量对象不同来选用应放置在平稳的地方，以免在摇动手柄时，因表身抖动和倾斜产生测量误差
	开路试验	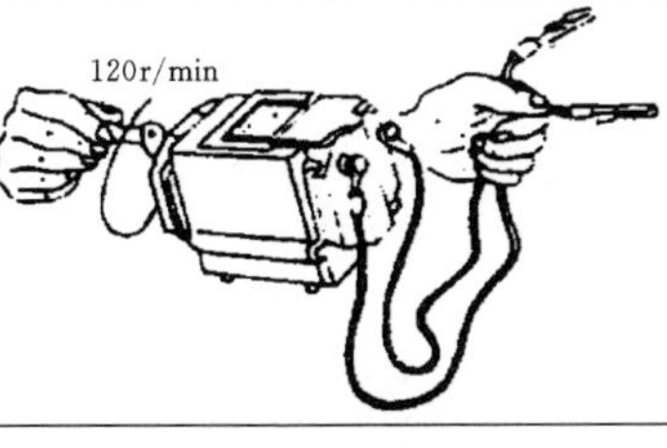 120r/min	先将兆欧表的两接线端分开，再摇动手柄。正常时，兆欧表指针应指“∞”
	短路试验	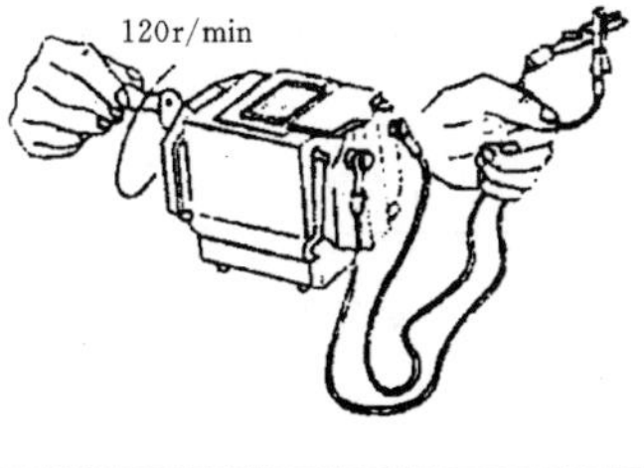 120r/min	先将兆欧表的两接线端接触，再摇动手柄。正常时，兆欧表指针应指“0”

续表

步骤		示意图	使用方法
使用中	对地绝缘性能	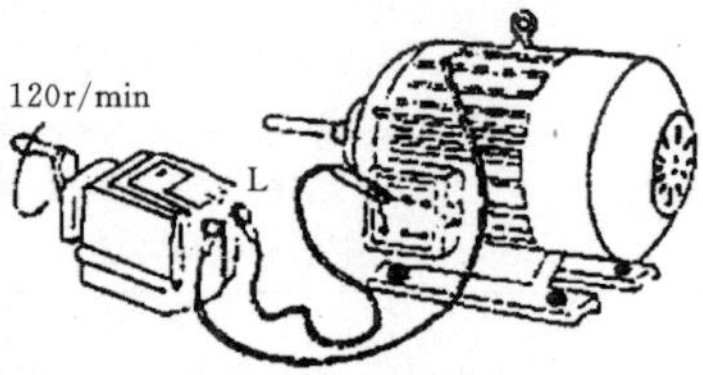	用单股导线将“L”端和设备（如电动机）的待测部位连接，“E”端接设备外壳
	绕组间绝缘性能		用单股导线将“L”端和“E”端分别接在电动机两绕组的接线端
使用后		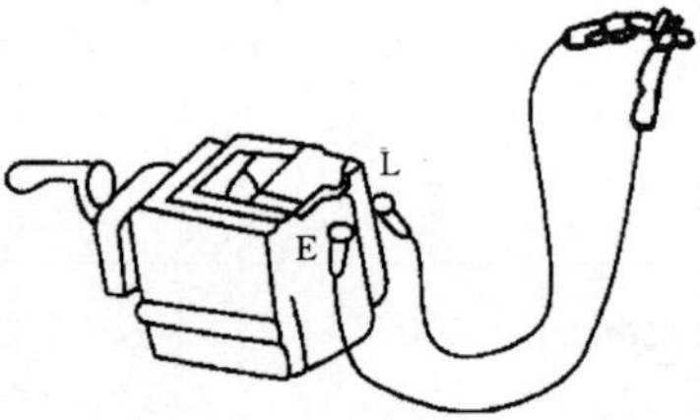	使用后，将“L”“E”两导线短接，对兆欧表作放电工作，以免触电事故

（3）钳形电流表。钳形电流表是一种在不断开电路的情况下测量交流电流的专用仪表，其外形结构及操作步骤见表1.3.5。

表 1.3.5　　钳形电流表的外形结构及使用步骤

钳形电流表的外形结构	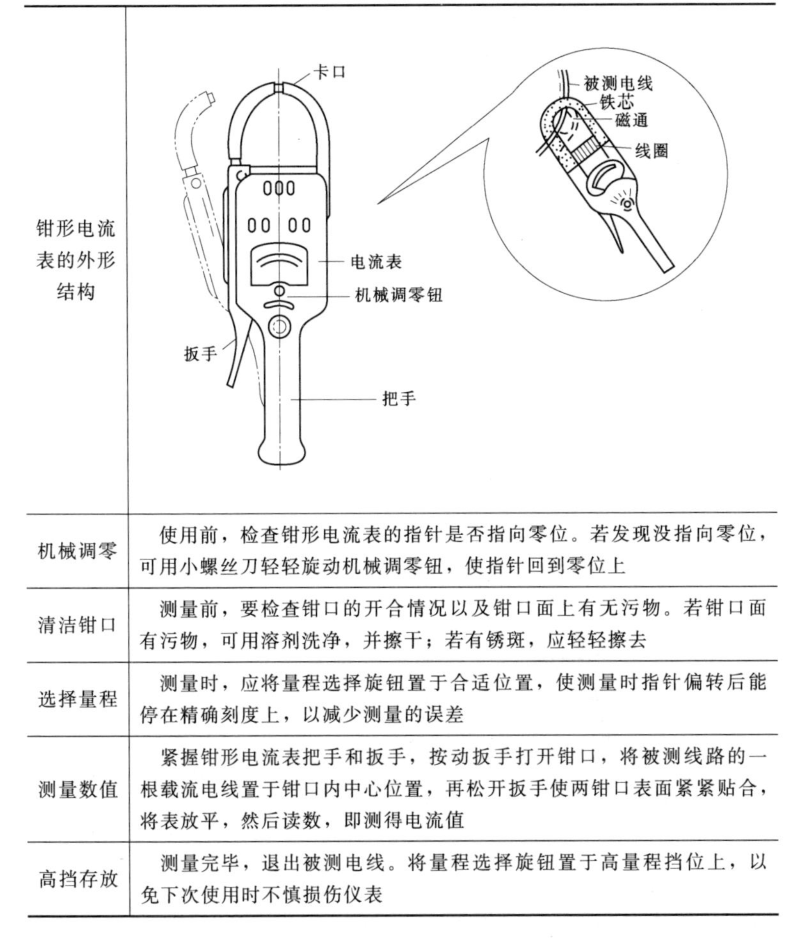
机械调零	使用前，检查钳形电流表的指针是否指向零位。若发现没指向零位，可用小螺丝刀轻轻旋动机械调零钮，使指针回到零位上
清洁钳口	测量前，要检查钳口的开合情况以及钳口面上有无污物。若钳口面有污物，可用溶剂洗净，并擦干；若有锈斑，应轻轻擦去
选择量程	测量时，应将量程选择旋钮置于合适位置，使测量时指针偏转后能停在精确刻度上，以减少测量的误差
测量数值	紧握钳形电流表把手和扳手，按动扳手打开钳口，将被测线路的一根载流电线置于钳口内中心位置，再松开扳手使两钳口表面紧紧贴合，将表放平，然后读数，即测得电流值
高挡存放	测量完毕，退出被测电线。将量程选择旋钮置于高量程挡位上，以免下次使用时不慎损伤仪表

（4）转速表及其使用方法。转速表是一种用来测量电动机或其他机械设备转速的仪表，其结构和配件如图 1.3.1 所示。一般每只转速表都配备一个橡皮头、一个嵌环圆锥体、一根硬质三角针、一根转轴、一只纹锤分支器、一小瓶钟表油和一只滴油器等。

使用转速表时，应把刻度盘转到相应的测量范围上，并在转

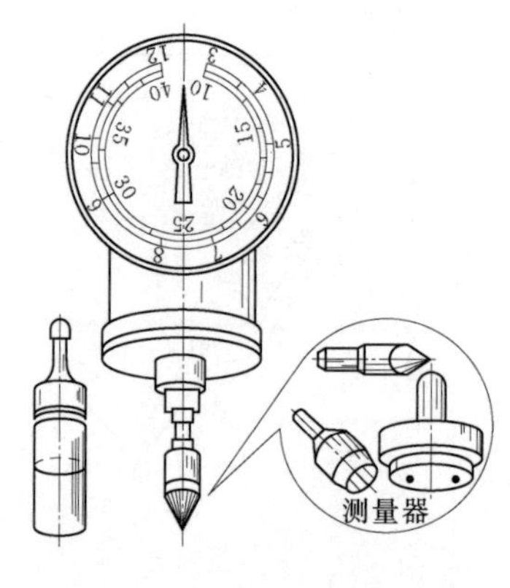

图 1.3.1　转速表的结构和配件

轴一端加上油。测量转速在10000r/min以上时，不宜使用橡皮装置的测量器，最好使用三角钢锥测量器。测量时要拿稳转速表，注意不能歪斜，以保证测速的准确。加油时，必须使刻度盘转到最慢转速，然后给各油眼加油。此外，要避免转速表受到严重振动，以防损坏表的机械结构。

（5）电能表。电能表又称电度表、千瓦小时表，俗称火表，是计量电功（电能）的仪表。图1.3.2所示的是最常用的一种交流感应式电度表——单相电能表接线。

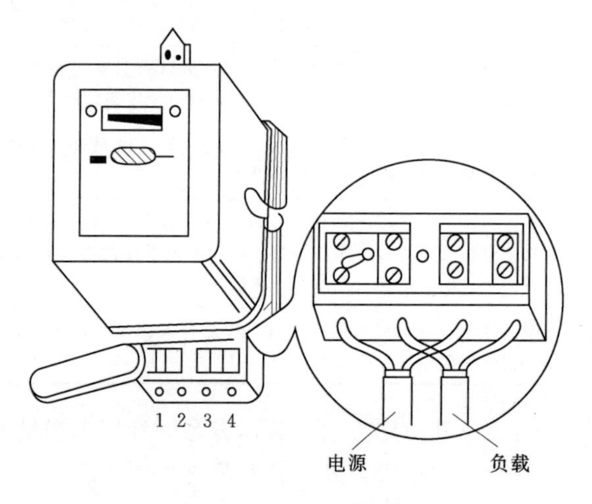

图 1.3.2　单相电能表接线

第2章　常用变压器与电动机的运行维护及故障处理

2.1　变压器运行中的检查与维护

变压器在运行中，值班人员应根据控制盘上的仪表监视变压器的运行情况，其指示仪表应每小时记录一次，如变压器在满负荷下运行，至少每半小时记录一次。若变压器的仪表不在控制室，可酌量减少记录次数，但每班至少记录2次。有远方测温装置的变压器，每小时应记录油温一次，就地安装的温度计，可在巡视时记录。检查变压器温度时应注意：上层油温或温升是否超过规定值；在负荷不变时，油温是否升高；如和以前运行情况相同，但油温有显著升高时，应找出油温升高的原因并设法消除。

变压器除监视负荷和油温外，还需进行外部检查。有人值班的变电站内的变压器每天至少检查一次，每周应有一次夜间检查。无人值班的变电站和容量在3150kVA及以上者，每10天至少检查一次，容量在3150kVA及以下者，每月至少检查一次，并应在每次投入前和停运后进行检查；安装在室内的3150kVA以下的和柱上变压器每两月至少检查一次；在气温突变或特殊情况下，均应进行额外的检查；雷雨后应检查套管有无放电痕迹和避雷器及保护间隙的动作情况。

变压器检查的一般项目如下所述。

2.1.1　变压器的外部检查

（1）检查油枕内和充油套管内油面的高度封闭处有无渗漏油现象。变压器的正常油位应在油位计的1/4～3/4之间，新变压器油色为浅黄色，运行后呈浅红色，如油面过高，一般是由于冷却装置运行不正常或变压器内部故障等所造成的油温过高引起的。如油面过低，应检查变压器各密封处是否有严重漏油现象，油截门是否关紧。油标管内的油色若是呈红棕色，可能是油位计脏污所造成的，也可能是变压器油运行时间过长，油温高使油质变坏引起的。

（2）检查变压器上层油温，变压器上层油温一般应不超过85℃，对强迫油循环水冷却和风冷的变压器应为75℃，如油温突然升高，则可能是冷却装置有故障，也可能是变压器内部故障。对油浸自冷变压器，如散热装置各部分温度有明显不同，则可能是管路有堵塞现象。

（3）检查变压器的响声是否正常。变压器正常运行时，由于交流电和磁通的变化，铁芯叠片会发生振动，发出均匀的嗡嗡声，如果运行中有其他声音，则属于声音异常。

（4）检查套管是否清洁，引线连接是否良好，有无破损裂纹或放电烧伤痕迹。

（5）呼吸器应畅通，硅胶吸潮不应达到饱和状态（检查硅胶是否变色）。

（6）防爆管上的防爆玻璃应完整无裂纹，无存油。

（7）接地装置应良好，如果发生锈蚀、断股等情况应及时处理。

2.1.2 变压器负荷检查

（1）变压器装有电流表、电压表的应记录小时负荷，并应画出日负荷曲线。

（2）测量三相电流的平衡情况，对于Y/Y0－12连接的变压器，其中性线上的电流不应超过低压绕组额定电流的25％。

（3）变压器的运行电压不应超过额定电压的±5％，如果电源电压长期过高或过低，应调整变压器分接头使电压趋于正常。

2.1.3 停电清扫

变压器除巡视检查外，应有计划地进行停电清扫，清扫内容如下：

（1）清扫瓷套及有关附属设备。

（2）检查母线及接线端子等联结点接触情况。

（3）摇测绕组的绝缘电阻以及接地电阻。

【例 2.1.1】 简述变压器的检测与检修周期。

答：为了积累基础数据，投运前、后一段时期的检测很重要，一般制造上的故障在投运后不久将会发生，因此对新设备及大修后的设备在投运前作一次分析，变压器至少在投运后第 4 天、第 10 天、第 30 天各作一次分析，若无异常情况，可转为正常检测周期。

变压器正常运行后，应每一年至少小修一次。安装在特别污秽地区的变压器，应缩短检修周期。对于主变压器，在投入运行第 5 年，应进行吊芯检查，以后根据运行情况及试验结果来确定变压器是否需要检修。大修的间隔一般不少于 10 年。有关大修、小修的项目及要求见有关规定。

2.2 变压器异常运行和常见故障分析处理

2.2.1 变压器声音异常

变压器运行中的状况不同，所发出的声音也不同。当起动大容量的电动机时，会使变压器声音突然增大；如变压器带有可控硅变流设备时，由于有谐波分量，变压器声音也会变大；过负荷时声音比平时沉重，应减少负荷；铁芯松动会发出大而杂的不均匀噪声，内部接触不良或铁芯被击穿时会发出“噼啪”的放电声，出现这两种异常声响后，应停电检修变压器。

2.2.2 油温过高

在正常负荷和冷却条件下，发现变压器油温较平时高出10℃以上，负荷不变但温度上升，而检查温度计正常，变压器室通风良好，则可认为变压器内部发生了故障，如铁芯严重短路、绕组匝间短路等，而变压器保护装置因故不起作用，此时应停电检修。

2.2.3　防爆管薄膜破裂

变压器内部有短路故障，产生大量气体压力增加，致使防爆管薄膜破裂，应停电修理变压器，更换防爆管薄膜。若由于外力作用而造成的，更换防爆管薄膜即可。

2.2.4　变压器绕组故障分析

绕组故障包括相间短路、对外壳短路、匝间短路和断线。

相间短路原因有：绝缘老化、有破裂、断线等缺陷；油受潮，线圈内有杂物，短路冲击变形损坏；过电压冲击及线间短路等。会使瓦斯、差动、过流保护动作，防爆管爆裂。应做绝缘电阻测量和吊芯检查。

对外壳短路的原因有绝缘老化或油受潮，油面下降或因雷电和操作过电压。一般都是瓦斯保护装置和接地保护动作。应测量绕组对油箱的绝缘电阻和做油的简化实验。

匝间短路主要是由于绝缘老化、过负荷、短路冲击震动时绝缘受到机械损伤而产生的。若油面下降，致使绕组露出油面时，也能发生匝间短路。匝间短路时，各相直流电阻不平衡，一次电流增高，油温增高，在这种情况下，瓦斯保护先动作，故障严重时，差动保护也会动作。应做吊芯检查和测量相间直流电阻等检查。

断线是因接头接触不良或因短路电流冲击或匝间短路烧断导线所致。断线时断口发生电弧，这种电弧能使绝缘油劣化，并能引起相间短路和对外壳短路，因断线产生电弧时，瓦斯保护会动作。应进行吊芯，然后测电流、直流电阻进行比较判断或测量绝缘电阻来判断。

2.2.5　变压器铁芯故障分析

片间的绝缘破损或夹紧螺丝间的绝缘破损、有金属物将芯片短路或两点以上接地等，会使铁芯片局部短路或熔毁，油温上升，致使瓦斯保护装置动作。应吊芯检查，测量片间直流电阻。

2.2.6 套管故障

套管密封不严，有砂眼，因进水使绝缘受潮而损坏，制造安装或检修时不慎使套管出现裂纹或套管脏污严重，都会造成套管对外壳击穿和相间闪络故障，套管破损时，差动保护和过电流保护装置一般都动作。

2.2.7 分接开关故障

分接开关的故障大部分是开关的接触面烧毁，其原因是由于弹簧压力不够、触头滚轮压力不均、接触电阻大。当近处发生短路时，因过电流的热作用会使其烧毁。分接开关故障时，变压器油箱内有放电声，电流表随响声而摆动，瓦斯保护装置会动作。应吊芯检查，用摇表检测有无断裂处或测量各接头直流电阻。

2.2.8 瓦斯继电器动作分析

瓦斯继电保护装置能监视和保护变压器内部的大部分故障。当运行异常或故障较轻时，轻瓦斯动作发出信号；故障严重时，重瓦斯动作于跳闸。因滤油、加油时空气进入变压器内；温度下降或漏油使油面下降，变压器内有轻微程度故障产生少量气体都会使轻瓦斯动作。当轻瓦斯动作时，值班人员应停止运行，立即对变压器进行检查，并对气体进行检查分析。若气体无色无嗅不可燃，表明变压器内有空气，值班人员应放出瓦斯继电器内积聚的空气，变压器可继续运行，但要注意这次信号与下次信号动作的间隔时间。若轻瓦斯信号动作的间隔时间逐次缩短，则应换用备用变压器。若气体可燃，说明变压器内部有故障，必须停电检查，在未经试验合格前，不准许运行。瓦斯继电器动作使变压器跳闸时，运行人员应将备用变压器投入。然后对变压器进行外部检查，重点是油色、油温、油位、油枕安全阀是否喷油、各连接处是否漏油等，最后检查气体是否可燃。

检查气体是否可燃时要特别小心，要在继电器顶端上面5～6cm处点燃，不要将火靠近继电器顶端。同时，可取油样和气样作色谱分析，以判断变压器故障性质。

2.2.9 变压器自动跳闸

变压器自动跳闸时，应先将备用变压器投入运行，然后再去检查原因。

若无备用变压器，则要根据掉牌来确定哪个保护装置动作，并了解在变压器跳闸的同时有哪些外部现象（如变压器过负荷、外部短路等），如不是由于变压器内部故障引起，而是由于过负荷、外部短路或保护装置回路有故障等引起，则变压器可不做内部检查而再将变压器投入运行。保护装置（瓦斯或差动保护装置）因变压器内部故障而正确动作时，应对变压器做内部检查，并应测量线圈的绝缘电阻，如发现内部有损坏应对变压器进行内部检查。

如果是差动继电器动作而使变压器跳闸，应在差动保护范围内进行检查，检查变压器套管是否损伤、电缆头是否损伤以及连接变压器的母线是否有闪络痕迹等，待故障消除后，再送电。

2.3 异步电动机的运行与维护

2.3.1 电动机启动前的准备和检查

新投入运行或检修后的电动机，启动前应收回全部工作票，拆除一切安全措施，测量绝缘电阻，在合闸前进行外部检查，检查工作应由负责电动机启动和运行人员进行。检查项目如下：

（1）电动机启动前应检查电源电压是否正常，电压的变动范围应在其额定电压的－5％～＋10％的范围内，三相电压的差别不大于5％。

（2）检查联轴器的连接是否牢靠，机组转动是否灵活，有无摩擦、卡住、窜动等不正常现象。

（3）检查机组周围有无妨碍运行的杂物或易燃物品等。

（4）对于长期停用的电动机，还应用兆欧表检查电动机绕组间和绕组对地的绝缘电阻，500kW及其以上的电动机应做吸收比的检测，其值应大于1.3。摇测绝缘电阻应大于表2.3.1中数值。

表 2.3.1　　　　电动机绝缘电阻要求

绕组额定电压/kV	10	6	3	0.38	
绝缘电阻/MΩ	170	100	50	7	转子绝缘电阻 1MΩ

注　以上数值是在冷态下，按 25℃计。

(5) 检查电动机轴承是否有油。如轴承缺油应及时补充，若轴承用冷水冷却，则应开冷却水。

2.3.2　电动机启动时的注意事项

(1) 电动机接通电源后，如发现电动机不能启动或启动时转速很低以及声音不正常等现象，应立即切断电源检查原因；对新安装或检修后初次投入运行的电动机，应注意电动机的转向。

(2) 启动多台电动机时，应按容量从大到小一台一台启动，不能同时启动。以免启动电流过大使断路器跳闸。

(3) 电动机应避免频繁启动或尽量减少启动次数，防止因启动频繁而使电动机发热，影响电动机的使用寿命。规定如下：在冷态下，连续启动不得超过 3 次，在热态下连续启动不得超过 2 次，启动间隔时间不得小于 5min（30kW 以上）。

(4) 电动机启动后，应检查电机有无异常现象，电流表、电压表读数是否正常。

2.3.3　对电动机的监视与检查

(1) 应经常保持清洁，不允许有水滴、油滴或杂物落入电动机内部。

(2) 注意电动机的运行电流不得超过铭牌上规定的额定电流。

(3) 注意电源电压是否正常。

(4) 注意监视电动机的温升，监视温升是监视电动机运行状况的直接可靠的方法，当电动机的电压过低、过载运行、两相运行、定子绕组短路时，都会使电动机的温度不正常地升高。三相异步电动机的最高允许温度和最大温升应符合表 2.3.2 的规定。

(5) 电动机在运行时不应有摩擦声、尖叫声或其他杂声，如发现有不正常声音应及时停车检查，消除故障后才可继续运行。

表 2.3.2　三相异步电动机的最高允许温度和最大温升

<table>
<tr><th colspan="2">电动机部位</th><th>绝缘等级</th><th>环境温度
/℃</th><th>允许温度
/℃</th><th>允许温升
/℃</th></tr>
<tr><td colspan="2" rowspan="4">定子绕组</td><td>A</td><td rowspan="4">40</td><td>100</td><td>60</td></tr>
<tr><td>E</td><td>110</td><td>70</td></tr>
<tr><td>B</td><td>120</td><td>80</td></tr>
<tr><td>F</td><td>140</td><td>100</td></tr>
<tr><td colspan="2" rowspan="2">转子绕组</td><td>A</td><td rowspan="2">40</td><td>105</td><td>65</td></tr>
<tr><td>B</td><td>130</td><td>90</td></tr>
<tr><td colspan="2" rowspan="4">定子铁芯</td><td>A</td><td rowspan="4">40</td><td rowspan="4"></td><td>60</td></tr>
<tr><td>E</td><td>75</td></tr>
<tr><td>B</td><td>80</td></tr>
<tr><td>F</td><td>100</td></tr>
<tr><td colspan="2" rowspan="2">滑环</td><td>A</td><td rowspan="2">40</td><td rowspan="2"></td><td>60</td></tr>
<tr><td>B</td><td>80</td></tr>
<tr><td rowspan="2">轴承</td><td>滚动</td><td></td><td>40</td><td>75</td><td>35</td></tr>
<tr><td>滑动</td><td></td><td>40</td><td>70</td><td>35</td></tr>
</table>

（6）对于绕线型电动机，应观察滑环上是否有火花，刷子引线应完整，无接地现象。

（7）当闻到电动机有烧焦的气味或发现电动机内部冒烟时，说明电动机的绕组绝缘已遭受破坏，应立即停车检查和修理。

2.3.4　电动机的维护保养

电动机做好日常维护保养是保证电动机安全运行和延长使用寿命的有效方法。因此，应做好以下几方面工作：

（1）电动机周围应保持清洁，定期擦拭电动机，电动机进风与出风口保持畅通。

（2）检查电动机发热情况，温度是否过高。

（3）检查轴承发热情况，轴承部位温度是否过高，轴承的运转声音是否正常，应注意定期清洗、换油。

（4）检查电动机在运行中有无异常的噪声或振动，监视电动机定子和转子是否有摩擦。

（5）对绕线型异步电动机应检查电刷有无打火现象，如发现有火花时，应清理滑环表面，用零号砂布磨平滑环，矫正电刷弹簧压力。并应检查电刷与滑环间接触与磨损情况。

（6）检查机壳接地或接零是否良好。

2.4 电动机常见故障及事故处理

2.4.1 常见故障分析

电动机在长时间运行过程中，会发生各种各样的故障，归纳起来可分为机械方面的故障和电气方面的故障。电动机在运行中的常见故障见表 2.4.1。

表 2.4.1　　电动机在运行中的常见故障分析

序号	电动机常见故障	原因分析		
		电气方面	机械方面	外部环境方面
1	电源接通以后，电动机不能启动	1. 电源缺相； 2. 启动设备接触不良，引起单相运行； 3. 电动机定子绕组有一相断相； 4. 定子绕组严重短路，使三相电流不平衡	1. 电机轴弯曲、变形，引起转子扫膛； 2. 电机端轴承磨损严重，或轴承内进入赃物卡阻，转不动； 3. 传动部分憋劲	
2	电动机启动后，声音异常，噪声大	1. 电源缺相，电动机单相运行； 2. 定子绕组有短路、断路的地方，使三相电流不平衡； 3. 定子绕组可能接错	1. 轴承磨损或破碎，使轴承与转轴或轴承室配合不当； 2. 轴承缺润滑油或润滑脂中混入金属屑之类的杂物，或轴承被水或其他腐蚀性气体锈蚀，造成轴承表面起麻点； 3. 风扇歪斜或损坏； 4. 转子不平衡或转子扫膛； 5. 机壳裂纹或地脚螺丝松动等	

续表

序号	电动机常见故障	原因分析		
		电气方面	机械方面	外部环境方面
3	电动机带负载后，转速明显下降	1. 电源电压过低； 2. 定子绕组匝间短路； 3. 转子绕组断条或开焊，使输出转矩减小	1. 负载过重； 2. 联轴器不同心； 3. 轴承润滑脂干涸	
4	电动机在运行中过热或冒烟	1. 三相电源电压过低或过高引起电流增大； 2. 电源缺相，电动机单相运行； 3. 三相电压不平衡； 4. 定子绕组短路、断路或接地	1. 负载过重； 2. 传动部分不同心； 3. 电动机轴弯曲、变形； 4. 转子扫膛； 5. 端轴承磨损或润滑脂干涸	1. 周围环境温度过高； 2. 电动机通风散热差或风道堵塞
5	电动机端部轴承过热	1. 轴承损坏或内部有异物卡阻； 2. 润滑油过少或油质不好或混入杂物； 3. 电动机轴与外部传动机械连接不同心； 4. 电动机轴弯曲变形； 5. 转子不平衡； 6. 轴承与端盖配合不适度		

2.4.2 事故处理

当运行中的电动机开关跳闸时，运行人员应迅速启动备用设备，以保证供水安全，如无备用设备时，对于重要的机组，允许进行一次重合，但如遇下列情况不允许重合：

(1) 发生人身事故时。

(2) 电动机所带的机械（如水泵）损坏。

(3) 电动机及其启动装置或电源上有明显的短路或损坏。

【例 2.4.1】 电动机在运行中如出现什么情况应立即切断电

源，停机检查？

答： 电动机在运行中如出现下列情况之一应立即切断电源，停机检查：

1）发生人身事故时。

2）水泵及其附属设备发生故障或损坏而不能送水时。

3）电动机冒烟起火。

4）轴承温度超过许可值。

5）电流超过额定值或运行中电流猛增时。

6）振动强烈、发热、转速急剧下降。

7）同步电动机出现异步运行。

8）滑环严重灼伤；滑环与电刷产生严重火花及电刷剧烈振动。

9）励磁机整流子环火。

10）电动机扫膛。

当电动机停机后，应由检查人员处理，运行人员应立即将备用机组投入运行。

第3章　开关电器和保护电器的运行检查、事故处理与检修

电气故障现象是多种多样的，例如，同一类故障可能有不同的故障现象，不同类故障可能是同一种故障现象，这种故障现象的同一性和多样性，给查找故障带来了复杂性。但是，故障现象是查找电气故障的基本依据，是查找电气故障的起点，因而要对故障现象仔细观察分析，找出故障现象中最主要的、最典型的方面，搞清故障发生的时间、地点、环境等。

有些电气故障可以通过人的手、眼、鼻、耳等器官，采用摸、看、闻、听等手段，直接感知故障设备异常的温升、振动、气味、响声、色变等，来确定设备的故障部位。

许多电气故障靠人的直接感知是无法确定部位的，而要借助各种仪器、仪表，对故障设备的电压、电流、功率、频率、阻抗、绝缘值、温度、振幅、转速等进行测量，以确定故障部位。例如，通过测量绝缘电阻、吸收比、介质损耗，判定设备绝缘是否受潮；通过直流电阻的测量，确定长距离线路的短路点、接地点等。

3.1　高压断路器、隔离开关、负荷开关的运行检查、事故处理与检修

3.1.1　高压断路器的运行检查

对有人值班的变电站，在交接班时检查一次，早晚最大负荷时各检查一次，至少每5天进行一次夜间检查。无人值班的变电站每月至少检查一次，在开关自动跳闸后和温度急剧变化的特殊情况下，应增加检查次数。

此外高压断路器每断开一次短路故障后，都应进行外部检

查；对有重合闸的，重合闸投入成功应进行外部检查，投入失败应解体检查。

运行中的检查项目主要有以下几个方面：

（1）各部位的瓷绝缘有无裂纹、破损，表面脏污程度和有无放电闪络现象。

（2）连接线有无松动、脱落、发热现象，接地线是否完好。

（3）指示灯表示是否正确，操作保险是否完好。

（4）分合闸位置指示是否正确。

（5）运行中有无其他异常声响和异常气味。

（6）负荷电流是否在额定范围内。

（7）对油断路器应检查各部油面是否适中，油色是否正常，有无渗漏油现象。

每次巡视检查需做好记录，以便进行分析比较。

3.1.2 高压断路器常见故障及事故处理

断路器常见故障主要有以下几个方面：

（1）因脏污和受潮而造成套管闪络和绝缘破坏。

（2）操作机构动作失灵。

（3）因机械力冲击造成的绝缘子破裂。

（4）油面过高或过低而对油开关造成的事故。

（5）断路器合闸、跳闸失灵。

（6）合闸线圈烧毁。

（7）断路器发热等。

【例 3.1.1】 断路器拒绝合闸事故如何处理？

答：应首先检查操作电源的电压是否正常，如过低应设法将其提高，最好在合闸前检查操作电源电压，并根据指示灯检查合闸回路及保险是否完好。然后就应根据外部情况判断故障原因，以排除故障。

【例 3.1.2】 断路器拒绝跳闸事故原因是什么？如何处理？

答：断路器拒跳将会引起严重事故，所以运行人员应迅速查明原因加以排除，可能的原因有：操作回路断线或保险熔断、操作电压过低、操作机构卡住、操作开关接触不良或继电保护故障等。

断路器拒跳时，应将操作机构外壳打开，用手动使跳闸铁芯或跳闸机构动作，使之跳闸。如手动还不行时，则应将其用母联开关切除，并立即上报有关人员，排除故障后方可投入运行。

3.1.3 高压隔离开关运行检查与维护

运行人员要按规定接班后对隔离开关进行一次检查，在每次接通之前和断开之后应检查，检查内容主要是有无放电及电晕现象、接触点的位置是否正常、有无发热现象如金属发暗或颜色变化、传动机构是否良好。

隔离开关在维修时应用细砂布打磨触头、接点，检查其紧密程度并涂以中性凡士林油，切记严禁带负荷分闸，维修时应检查它与断路器的连锁装置是否完好。

3.1.4 高压隔离开关事故处理

隔离开关在运行中常见故障是触头发热。原因是刀刃与接头接触不良，接触不良使接触电阻增大，导致触头部分过热。

当发现有发热现象时应立即采取措施：

(1) 对单母线系统，必须减少该回路的负荷，并加强监视，严重时可停电。若停电后果严重不允许停电时，可采用安装风扇等临时降温方法。

(2) 对双母线系统，则可把负荷从发热刀闸转到另一母线相应刀闸，打开发热刀闸即可。

3.1.5 高压负荷开关的运行维护

负荷开关的运行维护应注意以下几点：

(1) 检查负荷电流是否在额定值范围内，接点部分有无过热现象。

(2) 检查瓷绝缘的完好性及有无放电痕迹。

(3) 检查灭弧装置的完好性，消除烧损、压缩时漏气等现象。

（4）柜外安装的负荷开关，应检查开关与操作手柄之间的安全附加挡板装设是否牢固。

（5）操作传动机构各部位是否完整，动作应无卡劲。

（6）三相是否同时接触，中心有无偏移等。

3.1.6 负荷开关常见故障及处理方法

负荷开关常见故障及处理方法见表3.1.1。

表3.1.1 负荷开关常见故障及处理方法

常见故障	原因	处理方法
三相触头不能同时分断	传动机构失灵	检修传动机构、调整弹簧压力
触头损坏	由电弧烧损引起	修整或更换触头
灭弧装置损坏	由电弧烧损引起	更换灭弧装置

3.2 高压熔断器、互感器的运行检查、事故处理与检修

3.2.1 高压熔断器运行检查与故障处理

值班人员对高压熔断器每班都要巡视检查一次，主要是目测检查瓷套管有无裂纹、污垢及积尘，各部位零件是否良好，有无振动或脱落，接触部分有无严重烧伤。每年在清扫检查中要调整好紧固板使其固定牢固，倾斜角要保持在15°～30°，操作机构应灵活。

跌落式熔断器的常见故障有熔丝熔断、熔丝管烧坏、熔丝管误跌落等，故障的处理方法见表3.2.1。

表3.2.1 跌落式熔断器常见故障及处理方法

常见故障	原因	处理方法
熔丝熔断	1. 过载或电气设备短路； 2. 熔丝容量选得太小； 3. 熔丝质量不好	1. 减少负载或排除短路； 2. 更换熔丝

续表

常见故障	原　　因	处 理 方 法
熔丝管烧坏	熔断器上、下转轴安装不正或转动不灵活，使熔丝熔断时熔丝管不能迅速跌落	停电检修熔断器，更换熔丝管
熔丝管误跌落	1. 操作马虎，未合紧熔丝管； 2. 熔断器上部触头的弹簧压力过小或熔断器上盖被烧损、磨损，不能挡住熔丝管	1. 重新合上熔丝管； 2. 停电检修熔断器，调整上部静触头的弹簧压力

3.2.2　电压互感器运行检查及故障处理

（1）运行中的检查项目：检查是否漏油、渗油，油表中油位是否正常；有无异常响声，如内部放电会发出“吱吱”声；瓷瓶应清洁无裂纹、缺损及放电现象。

（2）故障处理：电压互感器的常见故障是保险熔断、断线及短路，电压互感器一、二次保险或回路断线时，会发出“PT 回路断线”信号及音响，如果是一次保险熔断还将发出“接地”信号，若这些故障可能引起保护装置与自动装置的误动作，应停止与该电压互感器有关的继电保护与自动装置，如有备用设备，应立即投入运行，停止故障设备。随后应详细检查一、二次保险是否熔断，切换开关与电压互感器刀闸是否良好，其二次回路有无短路，发生短路时，应设法采用必要的倒闸，利用断路切断故障的电压互感器，但禁止使用隔离开关或摘下高压熔断器的办法拉开有故障的电压互感器，因这些设备不能灭弧，拉开时产生电弧可能扩大事故。

3.2.3　电流互感器运行检查与故障处理

（1）运行检查项目：检查接头有无过热、响声、异味，瓷质部分应清洁完整，无破损和放电现象，注油电流互感器的油面应正常，无漏油渗油现象等。

（2）故障及处理：电流互感器可能出现开路、发热、冒烟、线圈螺丝松动、声响异常、严重漏油、油面过低等异常现象。根据出现的异常情况进行判断处理，如用试温蜡片检查电流互感器发热程度，若二次回路断线，则二次电流消失，这时应速将电路互感器二次短路，在短路时发现有比较大的火花时，说明短路有效；若没有火花还需另找故障点，操作时应使用可靠的保险用具（即应穿绝缘靴、戴绝缘手套）以免触电。

3.3 常用低压电器的运行检查、事故处理与检修

3.3.1 低压刀开关的运行维护

低压刀开关的运行巡视和维护内容如下：

（1）检查负荷电流是否超过额定电流值。

（2）检查触头和开关连接处有无过热现象。

（3）检查绝缘连杆、底座有无损坏和放电现象。

（4）检查触头有无烧伤、麻点，灭弧罩是否清洁完整。

（5）检查触头接触是否紧密，三相是否同时接触，引线连接螺母是否紧固。

（6）操作机构动作是否灵活，分合闸位置是否到位。

（7）对于在刀开关的动触片中央装有熔断器的熔断器式刀开关，要特别注意调整其同相内上下触头的同时闭合和上下触头间的中心位置，以使接触紧密。

3.3.2 低压空气断路器运行维护及常见故障

（1）运行中的低压空气断路器，应从以下几方面进行巡视和检查：

1）检查所带的正常最大负荷是否超过断路器的额定值。

2）检查接触点和连接点有无过热现象。

3）检查分、合闸状态是否与辅助触头所串接的指示灯信号相符合。

4）检查断路器在运行中有无异常声响。

5）检查传动机构及相间绝缘主轴的工作状态，前者有无变形、锈蚀、销钉松脱现象，后者有无裂痕、表层剥落和放电

现象。

6）检查灭弧罩的工作位置有无因受震而移动，外观是否完整，有无喷弧痕迹和受潮情况。

7）若灭弧罩损坏，不论是多相或一相，均应停止使用，以免在断开时发生飞弧现象而扩大事故。

（2）低压空气断路器维护检修内容如下：

1）取下灭弧罩，检查灭弧栅片的完整性，清擦表面的烟痕和金属细末，外罩应完整无损。

2）检查触头表面，清擦烟痕，用细锉或细砂布打平接触面，必须保持触头原有的形状，如果触头表面烧伤超过1mm，应更换触头。

3）检查触头弹簧的压力，并调节三相触头的位置和弹簧压力，使其保证三相同时闭合，并保证接触面积完全、接触压力一致。

4）用手动缓慢分、合闸，以检查辅助触头的常闭、常开接点的工作状态是否合乎要求，并清擦辅助触头表面，如有损坏则需更换。

5）检查脱扣器的衔铁和拉簧活动是否正常，动作有无卡劲，磁铁工作板面应清洁平整光滑，热元件的各部位有无损坏，其间隙是否正常。

6）全部检查工作完毕后，应做传动试验，检查是否正常。

（3）低压空气断路器常见故障及处理方法见表3.3.1。

表3.3.1　　低压空气断路器的常见故障及处理方法

常见故障	原　因	处　理　方　法
手动操作的空气开关，触头不能合闭	1. 失压脱扣器无电压或线圈烧坏； 2. 储能弹簧变形，闭合力减小； 3. 反作用弹簧力过大	1. 加以电压或更换线圈； 2. 更换储能弹簧； 3. 调整弹簧反作用力

续表

常见故障	原　因	处 理 方 法
电动操作的空气开关触头不能闭合	1. 电源电压不符； 2. 电磁拉杆行程不够； 3. 电机操作定位开关失灵； 4. 控制器中整流器或电容器损坏	1. 更换电源使电压相符； 2. 重新调整或更换拉杆； 3. 重新定位； 4. 更换
分励脱扣器不能使自动开关分断	1. 线圈短路； 2. 电源电压太低； 3. 脱扣面太大； 4. 螺丝松动	1. 更换线圈； 2. 升高或更换电源电压； 3. 重新调整脱扣面； 4. 紧固螺丝
失压脱扣器有噪音	1. 反力弹簧力太大； 2. 铁芯工作面有油污； 3. 短路环断裂	1. 调整触头压力或更换弹簧； 2. 清除油污； 3. 更换衔铁或铁芯短路环
自动开关温度过高	1. 触头压力低； 2. 触头表面磨损严重或接触不良； 3. 两个导电元件连接处螺丝松动	1. 调整触头压力； 2. 更换或清扫接触面，若不能换触头时，应更换开关； 3. 拧紧螺丝
电机启动时空气开关跳闸	1. 过电流脱扣器瞬动整定电流小； 2. 空气式脱扣器阀门失灵或橡皮膜破裂	1. 调整过电流脱扣器瞬时整定弹簧； 2. 更换

3.3.3　交流接触器在运行中巡视和维护内容

（1）检查最大负荷电流是否超过接触器的规定负荷值。

（2）检查触头系统和连接点有无过热现象。

（3）检查线圈温升是否超过规定值。

（4）监听接触器内有无放电声以及电磁系统有无过大的噪声或过热现象。

（5）检查灭弧罩是否完整，若有损坏即应立即更换或修理，修复后方可使用。

（6）检查联动机构的绝缘状况和机构附件的完好程度，是否有变形、位移及松脱情况。

（7）检查吸合铁芯的接触表面是否光洁，短路环是否完好。

（8）检查由辅助触头构成的接触器二次电气联锁系统的作用是否正常，修后要做传动试验。

（9）检查吸引线圈的工作电压值是否在正常吸合的数值范围内。

3.3.4 低压熔断器的运行维护

（1）检查熔断管与插座的连接处有无过热现象，接触是否紧密。

（2）检查熔断管的表面应完整无损，否则要进行更换。

（3）检查熔断管内部烧损是否严重、有无炭化现象并进行清擦或更换。

（4）检查熔体外观是否完好，压接处有无损伤，压接是否紧固，有无氧化腐蚀现象。

（5）检查熔断器底座有无松动，各部分压接螺母是否紧固。

3.3.5 热继电器的运行维护

（1）检查电路的负荷电流是否在热元件的整定值范围内。

（2）检查导线接点处有无过热现象。

（3）检查热继电器上的绝缘盖板是否完整无损，以保持热继电器中的合理温度，保证其动作性能。

（4）检查热元件的发热阻丝外观是否完好，继电器内的辅助接点有无烧毛、熔接现象，机构各部件是否正常完好，动作是否灵活可靠。

（5）检查继电器的绝缘体是否完整无损，内部是否清洁。

第4章　泵站常用其他电气设备的使用与维护

4.1　常用电气设备的使用与维护

4.1.1　起吊设备的使用与维护

（1）设备概述。新型电动葫芦已经取代了老系列产品。具有重量轻、体积小、结构紧凑、品种规格多、运行平稳等优点。钢丝绳电动葫芦可以在同一平面上在直的、弯曲的、循环的架空轨道上使用，也可以在以工字钢为轨道的电动单梁、手动单梁、桥式、悬挂、悬臂、龙头等起重机上使用。并广泛应用于集中供水厂的泵房起吊工作，是起升搬运物品最理想的起重设备。电动葫芦运行条件：环境温度：－2～＋40℃；工作制度：中级JC25％；重级：JC40％。当中级工作制度电动葫芦的起重量降低30％时，即为重级工作制度JC40％的电动葫芦。

电动葫芦常用于单轨起重机、旋臂起重机和手动单梁起重机，由于其结构简单、制造和检修方便、互换性好、操作容易，所以在工厂中得到广泛使用。如果它的安全装置不全、使用不当，会造成伤亡事故。因此，电动葫芦操作人员除按规定培训持证操作外，还必须严格遵守操作规程。

（2）使用与维修。

1）开动前应认真检查设备的机械、电气、钢丝绳、吊钳、限位器等是否完好可靠。

2）不得超负荷起吊，起吊时，手不可握在绳索与物件之间，吊物上升时严禁超速。

3）起吊物件时，必须遵守挂钩起重工安全操作规程。捆扎时应牢固，在物件的尖角缺口处应设衬垫保护。

4）使用拖挂线电气开关启动，绝缘必须良好。正确按动电钮，操作时注意站立的位置。

5）单轨电动葫芦在轨道转弯处或接近轨道尽头时，必须减速运行。

6）凡有操作室的电动葫芦必须有专人操作，严格遵守行车工有关安全操作规程。

（3）常见故障原因分析及处理方法。

1）按启动开关后电动葫芦不工作。主要是因电动葫芦没接通额定工作电压而无法工作，一般有3种情况：

a. 不通电。确认供电系统是否对电动葫芦供电，一般使用万用表检测，如没有电压，则检查上级回路，电压正常后方可使用。

b. 缺相。设备的主、控回路的电器损坏，线路断开或接触不良，会使电机缺相无法正常工作，出现这种情况，需检修主、控回路，检修时，为了防止主、控回路送给三相电机的电源缺相而烧毁电机，或电机突然得电运转，产生危害，一定要将电机从电源线路上断开，只给主、控回路送电，然后点动启动和停止开关，检查分析控制电器及线路的工作情况，对有问题的电器或线路进行修复或更换，当确认主、控回路无故障后，方可重新试车。

c. 电压过低。当电机端电压比额定电压低10%以上，电机启动转柜过小，使得设备起吊不动货物，而无法工作。使用万用表测量电机输入端电压，如电压过低则可能是电源线线径过细或变压器超负荷运行。

2）起重设备运行时出现异常响声。电动葫芦的很多故障，例如控制电器、电机或减速器等出现的故障，往往伴随着异常噪声，这些噪声的位置及高低和音质随故障原因不同而异，检修时，要多听多看，可以根据故障响声特点，确定发出响声位置，寻找和检修故障。

a. 异常噪声发生在控制回路上，发出“哼哼”的噪声，一般是接触器出现故障（如交流接触器触头接触不良、电压等级不符、磁芯被卡等），应对故障接触器进行检修，无法检修时必须更换，处理后，噪声自行清除。

b. 电机发出异常噪声，应立即停机，检查电机是否单相运转，或轴承损坏、联轴器轴心不正及“扫膛”等故障，这些都会使电机有异常响声，不同故障的响声位置及高低和音别不同，单相运转时，整个电机发出有规律忽强忽弱的“嗡嗡”声；而轴承损坏时，会在轴承附近发出伴随着“咯噔-咯噔”的“嗡嗡”声；而联轴器轴心不正或电机轻微扫膛时，整个电机发出极高的“嗡嗡”声，并不时伴随着尖锐刺耳的声音。总之，应根据噪声的不同找出故障进行逐项检修，恢复电机正常性能，当电机故障未处理时，禁止使用电动葫芦。

c. 异常噪声从减速器发出，减速器出现故障（如减速箱或轴承缺润滑油、齿轮磨损或损坏、轴承损坏等），这时应停机检查，首先确定减速器的减速箱或轴承在使用前是否加了润滑油，使用中是否定期更换润滑油，如没有按要求润滑，减速器不仅会产生过高的“嗡嗡”声，还会过度磨损或损坏齿轮及轴承。

3）制动时停机下滑距离超过规定要求。电动葫芦长期使用时，制动环磨损过大，使制动弹簧压力减小、制动力降低。解决的方法为调整制动螺栓或更换制动环。

4）电动机温升过高。首先确定设备是否超载使用，超载导致电机发热，长期超载将烧毁电机；设备未超载仍发热，应检查电机轴承是否损坏，还应该检查电机是否按规定工作制工作，这也是引起电机发热的原因之一；电机运转时，制动器间隙太小，未完成脱开，产生很大摩擦力，摩擦发热的同时也相当于增加了附加载荷，使电机转速降低，电流变大而发热，此时应停止工作，重新调整制动间隙；电机冷却风扇损坏也会造成电机温升过高；使用时应严格按电机工作制工作。

5）重物升至半空，停车后不能再启动。首先检查系统电压是否过低或波动是否过大，如是这种情况，只有等电压恢复正常后再启动；另一方面，要注意三相电机运行时缺相，停机后无法启动，此时需要检查电源相电压是否正常。

6）不能停车或到极限位置仍不停车。这类情况一般是接触器的触头熔焊，当按下停车开关时，接触头的触头不能断开，电机照常得电运转，葫芦不停车；到极限位置如限位器失灵，葫芦不停车，出现这种情况应立即切断上级电源，使设备强行停车。停车后，检修接触器或限位器，严重损坏无法修复的，必须更换。

7）冬季施工中，尤其是雪后，电路无故障，电机还是不能启动，其原因是刹车环冻死，若此时还强行开机，就容易烧毁电机。解决的方法就是打开电机罩，用撬棍撬动电机，使其能自动旋转即可。

8）钢丝绳只上不下。其原因为行程限位器损坏，需要换行程限位开关。

4.1.2 配电及防雷设备的使用与维护

（1）概述。村镇集中供水厂配电系统，主要任务是为水厂运行提供持续可靠的用电，合理地将电能分配给各用电设备，并提供可靠的安全保护。集中供水厂的配电系统，主要是由水厂安装的电力变压器、高、低压开关设备及启动控制设备组成。变压器将高压电变成低压电，再通过电缆输送到水厂的电源进线柜内，配电设备经继电保护处理后将电能配送到用电设备上。配电设备一般是采用一组配电柜来完成。水厂的配电柜一般采用三相四线制的供电方式，为水厂的全部用电设备（动力、照明、电采暖）提供安全、可靠的用电电源。

（2）配电柜维护与保养项目见表4.1.1。

表4.1.1 配电柜维护与保养项目

序号	检查保养项目	保养内容	周期
1	配电屏	清洁	月
2	电器仪表	外表清洁、显示正常、固定可靠	月
3	继电器、交流接触器、断路器、闸刀开关	外表清洁、触点完好、无过热现象、无噪音	月

续表

序号	检查保养项目	保　养　内　容	周期
4	控制回路	压接良好	月
5	指示灯、按钮转换开关	外表清洁、标志清晰、牢固可靠、转动灵活	月
6	电容无功补偿	电容接触器良好、电容补偿三相平衡、电容器无发热膨胀、不冰冷、接头不发热变色	月
7	母线排	压接良好、色标清晰、绝缘良好	年
8	配电屏对地测试	接地良好	年

高压配电柜的检查保养见表 4.1.2。

表 4.1.2　　　　高压配电柜的检查保养表

序号	检查保养项目	保　养　内　容	周期
1	操作机构	灵活	半年
2	隔离开关	触头正常、开关正常	半年
3	高压油开关油位	正常	半年
4	母线排	压接良好、色标清晰、绝缘良好	年
5	配电屏对地测试	接地良好	年

变压器的检查保养见表 4.1.3。

表 4.1.3　　　　变压器的检查保养表

序号	检查保养项目	保　养　内　容	周期
1	外观	扫尘、色标清晰、整体完好无损	年
2	绝缘电阻值	高压侧对低压侧、高压侧对地、低压侧对地、绝缘良好	年
3	零地接线端子	压接良好、牢固可靠	年
4	母线排	压接良好、牢固可靠	年
5	绝缘子	抹尘、整体完好无损	年
6	干燥剂	硅胶干燥剂色浅、半透明	年

电房附属设施的检查保养见表4.1.4。

表4.1.4　　　　电房附属设施的检查保养表

序号	检查保养项目	保　养　内　容	周期
1	门窗及防小动物设施	门窗开启灵活，无大于10mm缝隙，通风网无大于10mm小孔、无严重锈蚀	月
2	通风照明设施	无故障、保证通风照明	月
3	绝缘工具	正常有效	月
4	灭火器	正常有效	月

注　高压部分的年度检测保养可委托供电主管部门或有资质的专业公司进行检测保养。

(3) 安全注意事项。

1) 停电后应验电。

2) 在分段保养配电柜时，带电和不带电配电柜交界处应装设隔离装置。

3) 操作高压侧真空断路器时，应穿绝缘靴、戴绝缘手套，并有专人监护。

4) 保养电容器柜时，在电容器对地放电之前，严禁触摸。

5) 保养完毕送电前，应先检查有无工具遗留在配电柜内。

4.1.3 发电设备的使用与维护

(1) 概述。发电机是将其他形式的能源转换成电能的机械设备，它由水轮机、汽轮机、柴油机或其他动力机械驱动，将水流、气流、燃料燃烧或原子核裂变产生的能量转换为机械能，传给发电机，再由发电机转换为电能。发电机在集中供水厂作为备用电源被广泛应用。发电机的形式很多，但其工作原理都基于电磁感应定律和电磁力定律。因此，其构造的一般原则是：用适当的导磁和导电材料构成互相进行电磁感应的磁路和电路，以产生电磁功率，达到能量转换的目的。发电机分为直流发电机和交流发电机两大类；交流发电机又分为同步发电机和异步发电机（很少采用）；交流发电机还可分为单相发电机与三相发电机。

柴油机驱动发电机运转，将柴油的能量转化为电能，在柴油机气缸内，经过空气滤清器过滤后的洁净空气与喷油嘴喷射出的高压雾化柴油充分混合，在活塞上行的挤压下，体积缩小，温度迅速升高，达到柴油的燃点。柴油被点燃，混合气体剧烈燃烧，体积会膨胀，推动活塞下行，称为“做功”。各气缸按一定顺序依次做功，作用在活塞上的推力经过连杆变成了推动曲轴转动的力量，从而带动曲轴旋转。将无刷同步交流发电机与柴油机曲轴同轴安装，就可以利用柴油机的旋转带动发电机的转子，利用“电磁感应”原理，发电机就会输出感应电动势，经闭合的负载回路就能产生电流。

（2）使用与维护。

1）柴油发电机在未做好启动前的检查及启动准备工作以前不准启动，运行方式选择开关应在“OFF”位。

2）柴油发电机启动或投入运行方式选择开关前，应确保蓄电池充电电源、控制、信号系统电源、冷却水温控制、空气系统、燃油系统、润滑油系统工作正常。

a. 合上蓄电池充电电源，检查充电源红灯亮且蓄电池电压为（24～30V）左右，蓄电池组的容量应满足机组连续启动9次的用电量。

b. 检查冷却水温度加热器电源投入，且红灯亮。

c. 检查室内燃油储油箱（应满足机组满载连续运行8h的储油量）油位正常，打开柴油发电机进油门，输油方式采用手动方式。

d. 燃油系统启动前要排空气，否则将影响发动机不能正常启动。

3）柴油发电机启动前的检查。

a. 柴油机前应无人工作及其他障碍物。

b. 查柴油发电机润滑油油位正常。

c. 查柴油发电机冷却水水位正常。

d. 查柴油发电机预热正常。

e. 机组无漏油、漏水现象，机内清洁无杂物，排气口无杂物。

f. 仪表盘内外清洁，无杂物，电气回路正常且控制盘上无报警。

g. 查所有开关位置正确满足启动要求，查柴油发电机就地仪表盘上“紧急停机”按钮位置正确，查柴油发电机出口开关在断开位置。

h. 柴油发电机在启动前应用 1000V 摇表测量绝缘，其值不低于 0.5MΩ。

4）柴油发电机的启动和停止。

a. 柴油发电机的启动方式分为：自动、远方（CRT 画面软手操）和就地控制盘手动启动。

柴油发电机停机方式分为：远方（CRT 画面软手操）、就地控制盘停机或紧急停机、发动机体控制盘事故停机或机体机械停机。

柴油发电机设有运行方式选择开关，有 3 个位置，即“自动”“手动”“停止”。

自动方式：自动方式为正常运行方式，运行方式选择开关在“自动”位置，则表示柴油发电机组投入自动启动状态。

远方启、停方式：运行方式选择开关在“手动”位置，表示柴油发电机组为远方控制方式。柴油发电机可以远方启、停。

就地手动启、停：就地“位置选择开关”在“就地”位置，表示柴油发电机组为就地启动方式，柴油发电机可以就地手动启、停。

b. 手动启动柴油机时，运行方式选择开关切至“手动”方式，合上柴油发电机启动开关，当转速、电压达到额定值时，柴油发电机出口开关合闸。

c. 柴油机配自动同期装置，实验是可以与厂用电同期并联，实现带负荷进行的实验。将运行方式选择开关切至“实验”位置，合上柴油发电机启停开关，当转速-电压达到额定值时，柴油发电机出口开关自动与厂用电并列。

d. 柴油发电机启动后，巡检员应立即到现场检查发电机，发电机各部有无异常声音、异常震动、漏油、螺栓和螺帽的松动、电路的断线、管路接头松动等情况，同时检查柴油发电机排烟颜色是否正常，并确认以下各值：转速、润滑油压力、润滑油温度、冷却水温度、电压、周波。

e. 柴油发电机组在运行中停机必须确认保安母线的工作电源已恢复。

f. 拉开柴油发电机出口开关，待柴油发电机空转 3～5min 后，拉开柴油发电机启动开关。

5）柴油发电机正常运行。

a. 柴油发电机可在额定工况下连续运行，运行中应监视、检查下列各运行参数不超过（或低于）规定值：电压、电流、周波、功率因数、润滑油压力、润滑油温度、冷却水温度、燃油箱油位、蓄电池充电电压等运行参数。

b. 运行中的柴油发电机组，应无异常振动现象，柴油发电机的排烟无异常颜色。

c. 正常运行时，柴油发电机运行方式选择开关投“自动”位置。

d. 柴油发电机启动 10s 后达到额定转速、额定电压，若 10 秒内保安母线电压恢复正常，则柴油发电机出口开关不合闸；若保安母线仍为低电压，则自动合上柴油柴油发电机出口开关，向保安母线供电。

e. 柴油机组严禁长时间怠速运行。如果不带负荷，应停机备用。

f. 机组运行中排气管内排气温度较高。因此严禁人员接近排气管，以防灼伤，并保证排气管周围无污油或其他易燃物，以防发生火灾。

g. 机组停运后，冷却液温度很高，此时严禁打开散热器盖子，并禁止向未冷却的冷却系统内加注冷却液，否则会造成柴油机的严重损坏。

h. 机组出现故障后，严禁在排除故障和复位前再次启动。机组在“手动”或“自动”方式下，故障未排除严禁按故障复位按钮。

6）柴油发电机的检查内容和定期例行试验。

a. 柴油发电机在自动状态时的定期检查内容：检查柴油发电机组无泄漏现象；检查润滑油油位正常；检查冷却水水位；检查储油箱及日用燃油箱油位；检查“就地位置”选择开关在“自动”位置，保安段工作电源开关在“合位”，指示灯亮，紧急停止按钮正确，控制仪表盘上无报警指示；检查蓄电池充电指示灯亮电压正常。

b. 柴油发电机的试验。单周日白班，进行柴油发电机组就地启动试验；双周日早班，进行柴油发电机组远方启动试验；启动前做柴油机启动带负荷试验。

（3）故障诊断及处理方法见表4.1.5。

表4.1.5　柴油发电机故障诊断及处理方法

故障现象	故障原因	处理方法
启、停开关跳闸，机组停止运转并仪表盘报警。若没有跳闸，则应立即按下“紧急停止”按钮，紧急停机	1. 超速； 2. 冷却水温度高； 3. 不能启动； 4. 润滑油压力低	1. 就地检查仪表盘上故障指示灯，确认故障原因； 2. 查明原因，通知检修处理。故障消除、仪表盘上报警复归后，按“跳闸复位按钮”“总复归”按钮，再次启动
就地仪表盘报警	1. 过电流、接地； 2. 润滑油压力低停机、油压过低报警； 3. 冷却水温度过高停机； 4. 启动失败； 5. 逆功率分闸； 6. 公共报警、公共预警； 7. 断路器合、分； 8. 超速停机； 9. 低油位	1. 根据故障指示灯中指示的故障内容进行处理； 2. 故障消除后，复位故障信号

续表

故障现象	故障原因	处理方法
柴油发电机不能启动	1. 进气道受阻； 2. 缺燃油或燃油质量不好； 3. 燃油、喷射系统故障	1. 观察排烟颜色及排烟量，分析燃料燃烧状况； 2. 检查燃油箱油位； 3. 检查、试放燃油系统疏水； 4. 检查空气进口有无杂物堵塞； 5. 若仍不能启动，通知检修，汇报值长
机组出力不足	1. 燃油油量不足，油压偏低，黏度太高，润滑系统堵塞； 2. 燃油供给不足，如燃料系统堵塞等； 3. 燃料不良，如有渗水等； 4. 喷嘴堵塞或空气量不足	1. 检查排烟颜色； 2. 检查润滑油量、油压、滤网； 3. 检查燃油油质； 4. 检查机组有无其他异常，如焦味、异声等，必要时通知检修处理

4.1.4 电采暖设备的使用与维护

（1）设备的分类与应用。目前集中供水厂使用的电暖气包括对流式、蓄能式和微循环等3种形式：对流式电暖气以电发热管为发热元件，通过对空气的加热对流来采暖，它体积小、启动迅速、升温快、控制精确、安装维修简便；蓄能式电暖气采用蓄能材料，能利用夜间电价较低时蓄能，白天释放热量，但它体积较大，采暖的舒适性较差；微循环电暖气是利用在散热器中充注导热介质、利用介质在散热器中的循环来提高温度的新型电暖气，它运行可靠，采暖效率比较高。

在这三种电暖气中，对流式电暖气运用得最为普遍，由于电是清洁能源，所以对流式电暖气无排放、无污染、无噪音，环保性突出；它使用方便，通电即热、断电即停，供暖调节方便；高效节能，电能转化率在99％以上，热能利用率更高达100％，能最大限度节约能源；具有热效率高；采暖费用低、有利于环保、运行安全、智能控制、体积小、功能全、安装方便、使用寿命长、多功能的特点。

(2) 运行与操作。

1) 正确使用温控器。电热油汀取暖器设有温控器，使取暖器壳体表面温度可以随意调节（110℃以下）。正常工作时，温控器不易动作，长时间高温工作易使内部器件烧损老化或保护性遭到破坏。所以，初次使用电热油汀取暖器时要将温度调定在一个适当位置。调节时，先将温控器旋钮顺时针方向轻轻旋转到最大位置，打开两挡功率开关，整机处在最大输出状态，加热升温约5min，用手背轻快地拍打壳体上部表面，若感觉温度适宜，将旋钮反时针方向轻轻旋转，直到有清脆的触点弹开声，同时功率开关上的电源指示灯熄灭，然后再顺时针方向轻轻转动一个很小的角度，不使触点闭合。如此调定完毕，取暖器便可提供人们满意的温度。壳体表面微烫时温度大约为85℃。取暖器壳体温度高于调定温度，温控器会自动切断电源停止加热，内部存的热量继续向外释放。表面温度下降15℃时，温控器触点会自动闭合，通电加热升温，壳体温度高于调定温度时，又自动断电停止加热，如此周而复始，温度恒定。

2) 正确使用功率开关。电热油汀取暖器采用两组密封电阻加热管作为发热元件，两组加热管对应有两个挡次的两只选择开关。目前市场上常见的取暖器定为1500W和2000W两种。在待电线路允许条件下，正确选用功率档位可以节电，减轻线路负荷。开始打开取暖器或室内温度较低时，同时打开两档选择开关，取暖器快速升温，壳体表面工作温度到达调定温度点后，温控器自动切断电源，此时应该选用1挡或2挡的功率。当温控器复位通电时，就用较低的功率加热，逐渐提高室内温度。

3) 注意保持房屋的密封性。电热油汀取暖器是以空气对流的形式升高室内温度的，室内温度的高低又影响电源的通断。室内密封性好，室温升高后，通电加热时间短，散热时间长，从而节电。

4) 禁止覆盖。取暖器正常工作，壳体表面温度较高，一般都调定为90℃左右。取暖器温度控制是依靠面罩内的温控器金属片感温变形实现的。若为了烘烤衣物，将散热片周边包裹覆盖，被覆盖的散热片温度将明显高于面内双金属片感受到的温度，这样容易烤焦衣物，并有可能导致取暖器壳体内部导热元件损坏。

5）禁止上下倒置或放倒通电加热。取暖器壳体内灌注专用导热油，加热后内部有一定压力，为保证正常使用时内部压力低于0.2MPa，导热油灌注量占总容积的70%左右，内部有较大空间。倒置或反倒，内部加热管露出油面，这种情况下，通电加热有可能产生过烧炸裂，损坏加热管。对于此种情况，使用时一定要注意。

6）禁止使用两孔插座。使用电暖器必须使用各项技术指标符合标准带地线的三孔插座。绝不可自行换用没有地线的两孔插座，因为这样易产生静电，有时会有电手的感觉，较危险。另外，插座不要位于电暖气正上方，防止热量上升烧烫电源。最后，若有易使电流发生骤变且较为频繁的电器，如电焊机、冲击钻等与电暖器同时使用，则较易损坏电暖器，应引起注意，最好使用带有过流保护装置的插线板或选用稳压电源。

（3）日常维护与保养。为使电暖器发挥较好的取暖作用，并使机体正常工作，延长其使用寿命，尽量使电暖器放置的位置有利于空气流通及散热。用软布蘸家用洗涤剂或肥皂水进行擦洗，不能用汽油、甲苯等释溶剂，以免外壳受损，影响美观或生锈。在天气暖和不需使用电暖器时，首先要擦干净、晾干机体后收藏起来，不要放在潮湿的环境中保存，要放于干燥处直立保存，以备来年使用。

4.2 常用泵站电量、物理量传感器设备的使用与维护

4.2.1 电量采集模块示例

（1）概述。三相智能电参数测量模块是一种性能优异、价格

低廉的智能电参数测量与采集模块，是传统电参数测量模块的升级。以此模块为例说明三表法准确测量三相三线制或三相四线制交流电路中的三相电压、电流（真有效值）、总的及各单相的有功功率、无功功率、视在功率、功率因数、基波有功、谐波有功、基波无功；频率、正反向有功电度、正反向无功电度等电参数；带2路开关量输入、2路继电器输出（可设置为报警输出）、2路有功电能脉冲输出及1路4～20mA模拟量输出；模块实时数据的更新周期40～1000ms可设置；数据与报警信息等可自动上传。该款产品功能强大，在电力、油田、水资源监测、监控装置与系统中有广泛作用。

（2）功能与指标。

1）输入信号：三相交流电压、电流。

a. 输入频率：45～75Hz。

b. 电压量程：50V、100V、250V、500V可选。

c. 电流量程：1A、5A、20A；通过外置互感器可实现量程50A、100A、200A、500A、1000A。

d. 信号处理：16位A/D转换，6通道，每通道均以4kHz速率同步交流采样，真有效值测量。

e. 数据更新：模块实时数据的更新周期可设置（40～1000ms，每步为10ms）。

f. 过载能力：1.4倍量程输入可正确测量；瞬间（<10周波）电流5倍，电压3倍量程不损坏。

g. 输入阻抗：电压通道≥1kΩ/V；电流≤10mΩ。

2）通信输出。

a. 输出数据：三相电压U_a、U_b、U_c；三相电流I_a、I_b、I_c；有功功率P、无功功率Q、视在功率S、功率因数P_F、基波有功功率P_l、谐波有功功率P_x、基波无功功率Q_l、频率F；各单相（A、B、C）的P、Q、S、P_F、P_l、P_x、Q_l；正向有功电度、反向有功电度、正向无功电度、反向无功电度等电参数。

b. 输出接口：RS-485二线制，±15KVESD保护；或RS

-232三线制，±2KVESD保护。

c. 数据格式：可设置；10位，1位起始位0，8位数据位，1位停止位1；或11位，为奇、偶或无校验可软件设置。

d. 通信速率（bps）：1200、2400、4800、9600、19.2K。

e. 通信规约：标准MODBUS-RTU通信规约。

3）I/O端口。

a. 开关量输入：2路，无源空触点或逻辑电平输入，0～0.5V或短接为0，+3～30V或开路为1。

b. 开关量输出：2路，为继电器常开触点输出，继电器触点容量为3A250VAC；可设置为各参数的上下限报警输出；参数类型可设定，报警上下限可设定。

c. 电能脉冲输出：2路，1路为有功电能脉冲输出，另1路为无功电能脉冲输出（无方向，正向与反向和）；脉冲为对电源地GND，宽度为50～80ms，负脉冲；每个脉冲当量为U0*I0/3600000度。

模拟量输出：1路4～20mA，可设置为任一测量的参数输出，或作为摇调输出。

4）测量精度。电流、电压：0.2级；其他电量；0.5级。

5）参数设定。模块地址、波特率、电量底数、报警参数等均可通过通信接口设定。

6）供电电源：DC+5V±5%、DC+10～30V；功耗<0.5W。

a. +5V供电，消耗电流小于70mA，输入纹波应小于100mV，输入电压5V±5%。

b. +10～30V供电，消耗电流小于70mA，最高输入电压不得超过+32V。

7）隔离电压。1000V，电流输入、电压输入、AC电源输入、继电器输出触点、通信接口输出之间均相互隔离，通信接口、直流电源、电能脉冲输出、开关量输入、模拟量输出之间共地GND。

8）尺寸与安装。外型尺寸：122mm×70mm×54mm；安装方式：DIN 导轨卡装。

9）工作环境。工作温度：－20～＋70℃；储存温度：－40～＋85℃；相对湿度：5%～95%，不结露。

4.2.2　压力变送器

（1）概述。压力变送器主要由测压元件传感器、模块电路、显示表头、表壳和过程连接件等组成。它能将接收的气体、液体等压力信号转变成标准的电流电压信号，以供给指示报警仪、记录仪、调节器等二次仪表进行测量、指示和过程调节。

【例 4.2.1】 压力变送器功能特点是什么？

答：长期稳定性好；激光调阻温度补偿，使用温域宽；抗腐蚀性能优良；防浪涌电压和极性反相保护；抗干扰设计；灵敏度高，温漂小；小巧精致，安装方便。

（2）选型原则。可根据额定量程的 2.5～3 倍选型。

（3）技术参数。

1）输出形式：4～20mADC，0～5VDC。

2）供电电源：DC24V(12～32V)。

3）准确度。A 级：±0.25%FS；B 级：±0.5%FS。

4）介质温度：－20～＋85℃。

5）环境温度：－10～＋60℃。

6）相应时间≥30ms。

7）负载能力≤600Ω。

8）过载压力：2 倍。

9）过程连接：M20X1.5 外螺纹或其他。

4.2.3　液位传感器

（1）概述。投入式静压传感器是利用基于所测液体静压与液体的高度成比例的原理，采用先进的隔离型扩散硅敏感元件的压阻效应，将静压转换为电信号，再经过温度补偿和线性修正，转化成标准电信号（一般为 4～20mA）。

投入式静压液位变送器适用于石油化工、冶金、电力、制药、供排水、环保等系统和行业的各种介质的液位测量。精巧的结构、简单的调校和灵活的安装方式为用户轻松地使用提供了方便。4～20mA、0～5V、0～10mA 等标准信号输出方式由用户根据需要任选。

【例 4.2.2】 投入式静压传感器功能特点是什么？

答：抗过载能力强；防浪涌性能优良；抗腐蚀性能优良；过压过流保护；反向极性保护；稳定性高；抗干扰能力强；实用性广，安装方便。

（2）选型原则。可根据额定量程的 2 倍选型。

（3）技术参数。

1）量程：0～100mA 内各量程，最小量程 0.5m。

2）介质温度：－20～＋70℃。

3）环境温度：－10～＋60℃。

4）供电电压：12～32VDC（通常 24VDC）。

5）输出信号：0～10mA/4～20mA/0～5VDC/1～5VDC。

6）负载特性：电流输出型≤600Ω，电压输出型≥30kΩ。

7）绝缘电阻：＞100MΩ。

8）准确度：±0.25%FS。

9）非线性：≤±0.2%FS。

10）迟滞性与可重复性：≤±0.1%FS。

11）长期稳定性：≤±0.1%FS/年。

12）响应时间：≤100ms。

13）最大工作压力：2 倍量程。

14）外部零件的材料：普通不锈钢/316 不锈钢。

15）测量介质：油、水、气体及其他与 316 不锈钢兼容的介质。

16）防护等级：IP68。

17）本质安全防爆：ExiallCT6。

4.3 电力控制设备的使用与维护

4.3.1 概述

电力控制设备一般用于水厂的水泵、吊车等电力拖动装置的启、停、调速控制，有降压启动控制、变频调速控制等控制设备。

【例 4.3.1】 电力软启动设备及其特点是什么?

答：是目前水厂常用的水泵启动装置，它采用数字集成技术，提高了各种技术性能指标，增强了可靠性及稳定性，体积小、方便安装、成本低，广泛用于三相异步电动机的软启动、软停止、实时监测和保护，替代传统的 Y-△启动机和自耦降压启动器，具有启动性能好、无触点、节能和各种完善的保护功能，特别是在限制启动期间的电压降、并部分降低电流峰值、限制启动转矩以保护转动机械等方面效果明显，用于水泵的启停控制可有效地避免水锤的产生，保护设备及管网设施。

变频调速控制设备：一般用于水厂的水源泵的软启动控制，二次加压水泵自动化调速控制，在其他的交流电机调速技术中，变频调速技术具有调速平滑、易于控制、调机启动电流小、节能等优点。

自耦降压启动器：适用于 14～135kW 水泵电动机不变频启动、停止的系统中。可靠性、防腐性能好。壳体内装有自耦变压器、交流接触器、时间继电器、热继电器、电流互感器、转换开关、熔断器、电压表、电流表以及有关元器件，组成独立的控制系统。壳体外设置有操作按钮和观察窗口，便于控制操作。具有启动电流不超过电动机额定电流的 3～4 倍、启动时间为 5～10s、可调整、过流保护和短路保护功能。

4.3.2 变频、软启动设备的日常维护

对于连续运行的变频器、软启动器，可以从外部目视检查运行状态。定期对设备进行巡查，运行时是否有异常现象。通常应

做如下检查：

（1）打开控制柜的前面板，检查变频器、软启动器的输入、输出接线端子的螺丝是否松动，清除变频器内的尘土，保持变频器内的清洁。

（2）检查变频器、软启动器冷却风扇运转是否正常，有无异常，散热风道是否通畅。

（3）检查启动柜内各交流接触器的主线接线端子螺丝是否松动，各开关组成有无异常，各种电缆线有无破损。

4.3.3 自耦减压启动柜的日常维护与检查

（1）检查启动柜内接线端子的螺丝是否松动，清除启动柜内的灰尘，检查自耦变压器接线及线缆有无破损。

（2）检查各交流接触器接线端子螺丝是否松动，各开关组件是否完好，有无异常。

（3）检查电流表、电压表是否完好，各按钮开关有无异常。

以上检查一定要在电源总开关断开的情况下进行，如发现启动柜有异常、有故障，应通知及时处理。

4.4 计算机设备及软件的使用与维修

4.4.1 概述

水厂计算机监控系统大都由主站级和现地控制单元级组成，它们之间依靠不同的通信介质及相关网络设备加以连接。主站级配有一台或多台计算机，辅以打印机、不间断电源（UPS）、调制解调器（MODEM）、卫星同步对时装置（GPS），其可替代人工值班。机组现地控制单元级则由可编程控制器（PLC）、常规仪表、常规控制开关、同期装置、温巡、转速信号装置等组成，全站电量采集由集中数据采集装置完成。在信息量较大的水厂，还装有一体化工控机或带触摸屏的数字处理单位。现地控制单元级主要完成对水厂水泵机组、供水量、供水压力及水质参数的自动监视、控制和调节。主站级计算机的主要功能是完成对全厂主设备的实时监视、控制、调节运行记录，兼有与上级调度的通信管理。

现地控制单元级的主要功能是可按照主站级的指令，完成对水电站的设备实施具体的操作，也可在主站级或网络无法正常工作的情况下，在现地独立完成对设备的操作。这些操作可以是自动的也可以是手动的。

通信分为内部通信和外部通信。内部通信为主站级工作站、服务器及现地级 LCU、调速器、保护及自动装置等相互之间的通信。外部通信为水厂计算机监控系统与上级调度、供水管理系统、供水管网监控系统、用水单元远程监控系统、视频监控系统等相互之间的通信。

4.4.2 计算机监控系统使用与维护

（1）建立计算机监控系统使用权限管理制度，以方便运行人员对设备进行监视和操作。要加强用户权限管理，每半年要更换一次密码，密码由系统管理员（超级用户）登记并存档管理。

（2）建立监控系统光驱等使用登记制度，严禁将携带病毒的光驱等拿到监控系统上使用。

（3）建立计算机监控系统调试、维护和使用登记制度。凡对系统中的功能、参数、程序（流程）、图形、数据库等进行修改时，均应做好详细记录，注明变动的原因、内容和时间等。

（4）在使用刻录机备份历史数据时，应使用全新光盘，并做好备份记录，防止病毒通过刻录机进入计算机监控系统。监控系统不与互联网相连，要严格限制电子邮件的使用。

（5）制定计算机监控系统故障应急处理方案，对重要数据软件做好备份并妥善保管（NT 操作系统、EC2000 系统软件、数据库软件等）。编制系统故障时重装（恢复）办法，从而缩短故障恢复时间，保障系统安全稳定运行。

（6）计算机监控系统应安装防火墙软件，防火墙软件要不断更新和升级，防止黑客入侵。要定期对监控系统网络设备（计算机）进行杀毒处理。

（7）使用 PC 机进行 PLC 现场调试时，应确保 PC 机不带病毒，严防病毒通过现地工作站进入计算机监控系统。

（8）对计算机监控系统运行维护人员进行网络安全意识教育，提高专业人员安全防范意识。

（9）建立计算机监控系统使用权限管理制度，系统设置一名享有所有权限的超级用户（系统管理员），配置若干个具有操作权限的值班员用户，以方便运行人员对设备进行监视和操作。要加强用户权限管理，建立监控系统光驱等使用登记制度，严禁将携带病毒的光盘或 U 盘拿到监控系统上使用。

（10）严格遵守操作程序。开机顺序：先打开打印机、扫描仪等外部设备的电源，再打开电脑主机的电源；关机顺序：先关掉主机电源，再关闭各种外部设备的电源（让打印机、扫描仪等外设对电脑的影响减到最小）。关机后的一段时间，不要频繁地开关机，至少间隔 10s 以上。在运行时请勿关机，以免损坏正在读取数据的驱动器，尽量避免搬动机器，过大的振动会对硬盘等造成损害。在应用软件运行时请勿关机，如需关机，请先关闭所有的程序，再按正常的顺序退出。在卸载文件时，不要消除共享文件，这些共享文件可能被系统或其他程序使用，删除后会造成运行软件或启动系统时死机。

4.4.3 日常维护保养

（1）防高温高湿：电脑理想工作温度在 10～35℃，太高或太低都会影响配件的寿命，相对湿度为 30%～80%，天气较为潮湿时，最好每天开机使用 1～2h 左右。

（2）防灰尘：灰尘太大，会腐蚀电脑配件的电路板，要经常对电脑进行除尘。

第5章　电力线路和照明设备及其运行维护

5.1　电力线路概述

电力线路是供电系统的重要组成部分，起着输送和分配电能的作用。

电力线路种类很多，就其安装方式可分为架空线路、电缆线路；按其电压高低，一般将1kV以下的线路称为低压线路。电力排灌站的电源线路广泛采用架空线路，电压等级一般在35kV及以下。电缆线路在泵站一般用于配电。

5.1.1　架空线路的结构和基本特点

架空线路的结构主要由导线、电杆、横担、金具、绝缘子和拉线等组成。为了防雷，有的架空线路上还架设有避雷线。土质较差的地段，电杆根部还装有卡盘和底盘。

（1）导线：它是用来输送电能的，通过绝缘子固定在横担上。架空线路的导线通常采用LJ型硬铝绞线或LGJ型钢芯铝芯绞线。10～35kV高压线路，导线在电杆上通常排列成三角形。

（2）电杆：它是用来架设导线的。目前普遍使用的电杆，按其材质分为钢筋混凝土电杆和铁塔两种。架空线路的各种电杆，按其作用可分为直线杆、耐张杆、转角杆、终端杆、分支杆等5种。

（3）横担：它装在电杆的上端，用来固定架设导线用的绝缘子。按材质分为铁横担和陶瓷横担两种。

（4）金具：它是用来紧固横担、绝缘子、导线的。架空线路中所用的抱箍、线夹、钳接管、垫铁、穿芯螺栓、花篮螺丝、球头挂环、直角挂板和碗头挂板等统称为金具。

（5）绝缘子：它用于紧固导线、保持导线对地的绝缘。按工作电压等级分为低压绝缘子和高压绝缘子两种。按形式分为针式绝缘子、蝴蝶绝缘子、盘形悬式绝缘子等。

（6）拉线：它用来稳定电杆，平衡电杆各方面作用力，并抵抗风力，以防电杆倾倒。拉线按其用途和结构不同可分为终端拉线、转角拉线、人字拉线、高桩拉线和自身拉线等几种。

【例 5.1.1】 架空线路和电缆线路相比其特点和使用条件是什么？

答：架空线路和电缆线路相比，具有造价低、施工方便、易于发现故障和便于检修等优点。但由于架空线路处于露天，所以经常受到自然条件变化和环境的影响，特别是季节性气候变化的影响很大。刮风、下雨、大雾、大雪的天气对架空线路的运行十分不利，雷电、覆冰、河水泛滥和暴风雨是架空线路发生故障的主要原因。空气中的烟雾、粉尘及树木等对架空线路的安全运行也有很大的影响。所以架空线路必须有足够的机械强度，除应能担负其本身重量产生的拉力外，还应能承受风、雪负荷，以及由于热胀冷缩所产生的应力。架空线路还必须有足够的电气绝缘强度，应能满足相间绝缘和对地绝缘的要求，除能保持正常工作外，还应经得起过电压的考验。导线截面的选择必须满足发热和允许电压损失的要求。

5.1.2 电力电缆的结构和基本特点

用于电能运输和分配的电缆称为电力电缆。

采用电缆输送电能与用架空线相比具有运行可靠、不受外界气候影响、占地少、作地下敷设不占地面空间、对人身比较安全等优点；但也存在一些不足，如成本高、投资费用大、敷设后不宜更动、不宜做临时性使用、线路不宜分支、施工难度大、故障难于发现和排除、维修困难等。

电缆的基本结构主要包括导体、绝缘层和保护层 3 部分及电缆头。

（1）导体：导体必须具有良好的导电性以减少输电线路上的

损耗。

(2) 绝缘层：绝缘层是用以将导体与邻相导体以及保护层隔离，要求绝缘性能良好，经久耐用，并有一定的耐热性能。

(3) 保护层：保护层分为内保护层和外保护层两部分，它使电缆在运输、储存、敷设和运行中，绝缘层不受外力的损伤和防止水分的侵入，所以它具有一定的机械强度。在油浸纸绝缘电缆中，保护层还具有防止绝缘油外流的作用。

(4) 电缆头：是电缆线路中的重要附件。电缆头按使用场所不同，分为户内式和户外式两种。运行经验表明，电缆头是电缆线路中的质量、安全薄弱环节。往往由于电缆头的缺陷和安装质量不良等造成事故，影响了电缆的安全运行，因此，为保证电缆线路的安全运行，电缆头应满足下列要求：

1) 具有不低于电缆本身的绝缘强度。

2) 导体连接良好。

3) 有足够的机械强度。

4) 施工工艺简单。

5.2 电力线路的运行维护检查及故障处理

5.2.1 架空线路的运行维护检查

架空线路在运行时，一般都采取定期巡视检查的方法来监视线路的运行状况及周围环境的变化，以便及时发现问题、消除缺陷，防止事故的发生，确保线路安全运行。对于长期运行的35kV架空线路每两个月巡视一次，10kV线路每季度巡视一次，对于只在泵站运行时期才投入运行的架空线路，只要求在投入运行前巡视检查一次。

遇有恶劣天气时（如结冰、大雾、冰雹、大雪、洪水、暴风以及其他自然灾害等）或需查明可能引起各种事故的隐患，应增加特殊巡视。

架空线路的巡视检查项目如下：

(1) 沿线情况。

1）清除线路防护范围内的草堆、土堆及可能危及导线安全的树枝、建筑物和易燃、易爆物等。

2）查明沿线所发生的各种异常现象和正在施工的工程情况，如防护区植树、修渠、修路等，以及它们对线路的影响。

（2）杆塔。

1）电杆本身有无倾斜变形现象。

2）横担各部螺帽有无松动，发现松动应及时紧固。

3）拉线是否完好，有无锈蚀、松弛、断股等。

4）电杆上有无鸟巢及其他杂物。

（3）导线及架空地线。

1）导线是否有断股、磨损、腐蚀、烧损等现象，若有应作敷线处理或更换。

2）导线接头是否良好，有无过热或氧化。

3）导线三相弧垂是否一致，有无过大或过小现象。

4）导线对各种地面物的跨越距离及地面的垂直距离是否符合要求。

（4）导线、架空地线的固定连接处。

1）线夹上有无锈蚀，螺栓、垫圈、开口销、螺帽等是否缺少、紧固。

2）防振锤有无窜动情况，绝缘子上的导线绑线有无松脱。

3）跳线或引流线是否有歪曲变形或距电杆过近现象。

4）绝缘子是否脏污，瓷质部分是否有裂纹、破碎及放电痕迹。

5）金具是否有锈蚀、损坏、缺少开口销等情况。

6）避雷装置接地是否良好，接地线有无锈蚀或断裂。

5.2.2 电缆线路的运行维护检查

泵站中的电缆设备一般敷设在厂房内电缆支架上，变电所至厂房的电缆由电缆沟引入厂房电缆支架。电缆的运行环境较好，受腐蚀影响小。泵站电缆设备一般都作为配电使用（如主机电力电缆），储备系数都较大，不会出现过负荷运行。所以，泵站电缆运行维护的主要工作，只需做好日常的巡视检查和绝缘预防性试验。

电缆的巡视检查项目主要有下列几项：

（1）室外露天地面的电缆保护钢管或角钢有无锈蚀、移位等现象，固定是否可靠。

（2）进入厂房的电缆沟口处不得有渗水现象。

（3）电缆沟盖板是否完好，沟内无积水和其他杂物，支架必须牢固，无松动锈烂现象。

（4）电缆终端头应完整清洁，引出线连接应紧固且无发热现象。

（5）电缆终端头内是否漏油，铅包及封铅处有无龟裂或腐蚀现象。

（6）电缆铠装是否完整，有无锈蚀，铅包是否损坏，全塑电缆有无鼠咬痕迹。

（7）电缆接地线是否良好，有无松动及断股。

5.2.3 电力电缆的故障处理

泵站中电力电缆的检修一般不作定期检修，而是在日常运行巡视和预防性试验检查中发现问题及时处理。电缆线路的维修工艺与要求请参考《电力电缆安装运行技术问答》（中国电力出版社，2002）等有关资料。现将电缆检修时常用的处理方法简单介绍如下：

（1）电缆头漏油。电缆头出现漏油，多数是由于制造工艺缺陷加上过负荷或温度过高所致。通常将漏油部位的环氧树脂凿去一部分，清洗干净后重浇环氧树脂，如在三芯绝缘处漏油，可将杯口接高一段。

（2）绝缘胶不足。电缆头绝缘胶（环氧树脂）不足，可用同样牌号绝缘胶灌满；若绝缘胶开裂并有水分侵入时，则将旧胶清除，用同样牌号胶重新灌注。

（3）电缆终端头受潮。电缆头受潮时，使用红外线灯或电吹风机加以干燥，直到电缆的绝缘电阻和吸收比值满足预防性试验规程规定数值为止。若电缆头严重受潮，难以干燥处理时，可截去该段电缆，再试验，合格后重新制作电缆头。

（4）线鼻子脱焊。线鼻子脱焊时，常常是因为焊前氧化皮没有清除干净，造成焊接不良、接触电阻过大而发热，因此，在焊接时应特别注意清除氧化皮。

5.3 常用电光源与灯具照明

5.3.1 白炽灯

（1）构造。白炽灯是由钨丝、支架、引线、玻璃泡和灯头等部分组成。如图 5.3.1 所示。

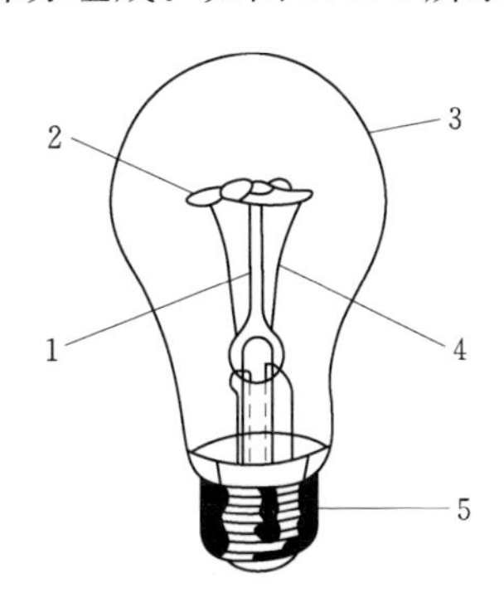

图 5.3.1 普通白炽灯结构示意图
1—支架；2—钨丝；3—玻璃泡；4—引线；5—灯头

（2）工作原理。白炽灯是靠电流通过钨丝加热至白炽状态，利用热辐射而辐射出可见光。为了防止钨丝氧化，常将大功率白炽灯抽成真空后冲入氩气或氮气等惰性气体。

（3）特性。白炽灯具有紧凑小巧、使用方便、可以调光、能瞬间点燃、无频闪现象、显色性能好、价格便宜等优点，但发光效率低、耗电量大、光色较差、抗震性能不佳，平均寿命一般只有 1000h。

（4）应用。白炽灯使用时受环境影响很小因而应用很广，通常用于日常生活照明、工矿企业照明、剧场、宾馆、商店、酒吧等地方，特别是在需要直射光束的场合。白炽灯现在在日常生活中已逐步淘汰，因节能要求而逐渐由节能灯代替。

5.3.2 卤钨灯

卤钨灯也属于热辐射光源，工作原理基本上与普通白炽灯一样，但结构上有较大的差别，最突出的差别就是卤钨灯泡内所填充的气体含有部分卤族元素或卤化物。

(1) 结构。卤钨灯是由钨丝、充入卤素的玻璃和灯头等构成。卤钨灯有双端、单端和双泡壳之分。图 5.3.2 所示为常用卤钨灯的外形。

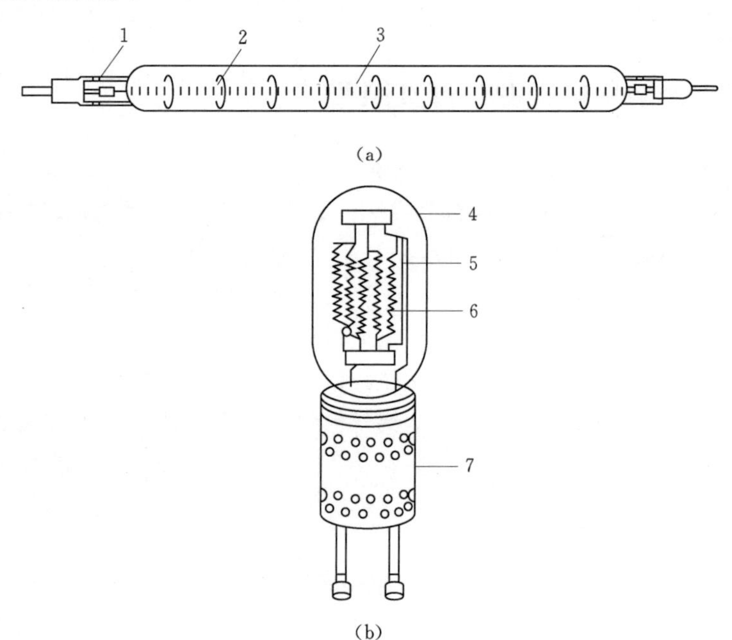

图 5.3.2　常见卤钨灯的结构示意图

(a) 两端引出；(b) 单端引出

1—铜箔；2—支架；3—灯丝；4—石英玻璃罩；5—金属支架；6—排丝状灯丝；7—散热罩

图 5.3.2 (a) 所示为双端管状的典型结构，灯呈管状，功率为 100～2000W，灯管的直径为 8～10mm，长 80～330mm，两端采用磁接头，需要时在磁管内还装有保险丝。这种灯主要用于室内外泛光照明。

图 5.3.2 (b) 所示为单端引出的卤钨灯，这类灯的功率有 75W、100W、150W 和 250W 等多种规格，灯的泡壳有磨砂的

和透明的，单端型灯头采用 E27。

500W 以上的大功率卤钨灯一般制成管状。为了使生成的卤化物不附在管壁上，必须提高管壁的温度，所以卤钨灯的玻璃管一般用耐高温的石英玻璃或高硅氧玻璃制成。

目前国内用的卤钨灯主要有两类：一类是灯内充入微量的碘化物，称为碘钨灯；另一类是灯内充入微量的溴化物，即为溴钨灯。

（2）工作原理。当充入卤素物质的灯泡通电工作时，从灯丝蒸发出来的钨，在灯泡壁区域内与卤素化合，形成一种挥发性的卤钨化合物。卤钨化合物在灯泡中扩散运动，当扩散到较热的灯丝周围区域时，卤钨化合物分解成卤素和钨，释放出来的钨沉积在灯丝上，而卤素再继续扩散到其温度较低的灯泡壁区域与钨化合，形成卤钨循环，从而提高发光效率。

（3）特性。卤钨灯与白炽灯相比，具有光效高、体积小、便于控制且具有良好的色温和显色性、寿命长、输出光通量稳定、输出功率大等优点。但在使用过程中，由于其工作温度高，使用时要注意散热，绝不允许采用电扇等人工冷却方式；另外，卤钨灯在安装时必须保持水平，倾斜角度不得大于 4°，否则会严重影响寿命；抗震性能较差。

（4）应用。卤钨灯广泛应用于大面积照明及定向投影照明场所。比如卤钨灯的显色性好，特别适用于电视播放照明、舞台照明以及摄影、绘图照明等；卤钨灯能够瞬时点燃，适用于要求调光的场所，如体育馆、观众厅等。

5.3.3 荧光灯

荧光灯俗称日光灯，是一种低气压汞蒸气弧光放电光源。

（1）构造。荧光灯是由荧光灯管、镇流器和启辉器组成。荧光灯管的基本构造如图 5.3.3 所示，其典型的外形如图 5.3.4 所示。

镇流器分为电感式镇流器与电子镇流器，传统电感式镇流器的结构如图 5.3.5 所示。

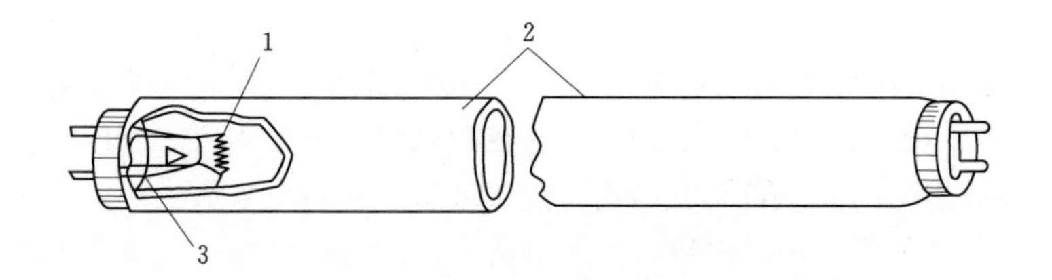

图 5.3.3　荧光灯管的基本构造示意图

1—电极；2—玻璃管（内表面涂荧光粉）；3—水银

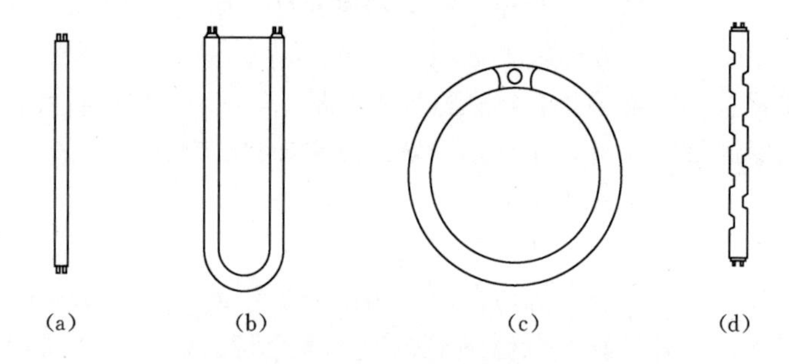

图 5.3.4　荧光灯管的 4 种典型外形

（a）直管；（b）U 形管；（c）圆形管；（d）凸形管

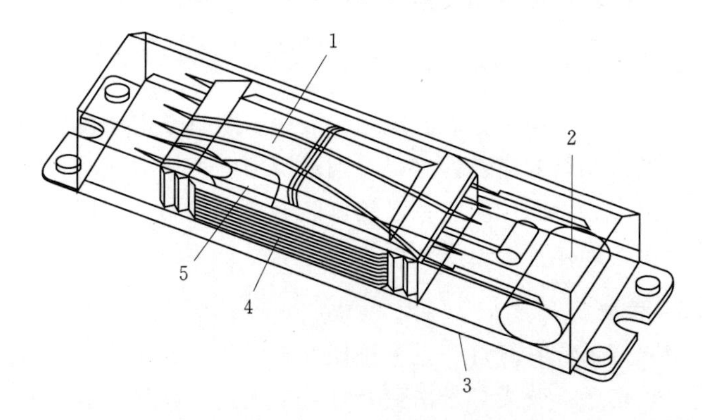

图 5.3.5　电感式镇流器的基本构造示意图

1—线圈（坚固圆形电线）；2—高功率镇流器用电容（修正功率因子和限制电流）；3—盒（保护镇流器部件）；4—芯（传输电流）；5—热量截止开关

启辉器的结构如图 5.3.6 所示。

(2) 工作原理。荧光灯是利用汞蒸气在外加电压作用下产生弧光放电时发出大量的紫外线和少许的可见光，再靠紫外线激励涂覆在灯管内壁的荧光粉，从而再发出可见光。

由于荧光粉的配料不同，发出可见光的光色不同。根据荧光粉的化学成分不同，可以产生的颜色有日光色、白色、蓝色、黄色、绿色、粉红色等。

荧光灯管是具有负电阻特性的放电光源，需要镇流器和启辉器才能正常工作。

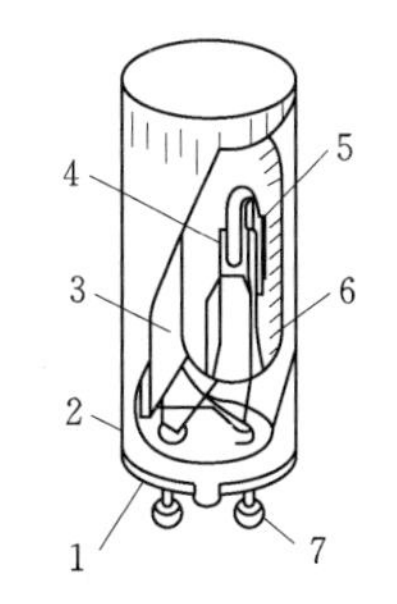

图 5.3.6 启辉器的结构示意图

1—绝缘底座；2—外壳；3—电容器；4—静触头；5—双金属片；6—玻璃壳内充惰性气体；7—电极

(3) 特性。荧光灯具有结构简单、制造容易、光色好、发光效率高、平均寿命长和价格便宜等优点，其发光效率比白炽灯高 3 倍，寿命可达 3000h。但是荧光灯在低温或者高温环境下启动困难，另外荧光灯由于有镇流器，功率因数较低，受电网电压影响很大，如果电网电压偏移太大，会影响光效和寿命，甚至不能启动。

【例 5.3.1】 荧光灯的应用情况如何？

答： 荧光灯具有良好的显色性和光效，因此被广泛地应用于室内一般环境照明，如图书馆、教室、隧道、地铁、商店、办公室及其他对显色性要求较高的照明场所。

开关频繁的室内场所以及室外不宜采用荧光灯。

5.3.4 高压汞灯

(1) 构造。高压汞灯主要由灯头、石英密封电弧管和玻璃泡壳组成。

(2) 工作原理。高压汞灯的主要组成部分是石英密封电弧管，是由耐高温的石英玻璃制成的管子，里面封装有钨丝制成的工作电极和启动电极，管中的空气被抽出，充有一定量的汞和少量的氩气，为了保温和避免外界对电弧管的影响，在它的外面还有一个硬质玻璃外壳，工作电极装置在电弧管的两端，当合上开关以后电压即加在启动电极和工作电极之间，因其间距很小，两电极的极尖被击穿，发生辉光放电，产生大量的电子和离子，在两个主电极尖的弧光发电，灯管起燃。

电弧管工作时，汞蒸气压力升高（2～6 个大气压），高压汞灯由此得名，在高压汞灯外玻璃泡的内壁涂以荧光粉，便构成荧光高压汞灯，涂荧光粉主要是为了改善光色，还可以降低灯泡的亮度，所以做照明的大多是荧光高压汞灯。

（3）特点。高压汞灯具有光效高、抗震性能好、耐热、平均寿命长、节省电能等优点，其有效寿命可达 5000h。但是存在尺寸较大、显色性差、不能瞬间点燃、受电压波动影响大等缺点。

（4）应用。主要用于街道、广场、车站、施工场所等不需要分辨颜色的大面积场所的照明。高压汞灯的光色呈蓝绿色，缺少红色成分，因而显色性差，照到树叶上很鲜明，但照到其他物体上，就变成灰暗色，失真很大，故室内照明一般不采用。

不宜用在开关频繁和要求迅速点亮的场所。因为高压汞灯的再启时间较长，灯熄灭后，不能立刻再启动，必须等待冷却以后，一般为 5～10min 后才能再次启动。

高压汞灯由于使用了一定量的汞，不利于环保，普通汞灯已经逐步被钠灯取代。

5.3.5　高压钠灯

钠灯是利用钠蒸气放电发光的气体放电灯，按钠蒸气的工作压力分为高压钠灯和低压钠灯，我们主要介绍高压钠灯。

（1）构造。高压钠灯与高压汞灯相似，是由灯头、玻璃外壳、陶瓷电弧管（电弧管）等组成，并且需外接镇流器。

高压钠灯的基本构造如图 5.3.7 所示。

（2）工作原理。细而长的电弧管是由半透明多晶氧化铝陶瓷制成，因为这种陶瓷在高温时具有良好抗钠腐蚀性能，而玻璃或石英玻璃在高温下容易受钠腐蚀。陶瓷电弧管在抽真空后充入钠之外，还充入一定量的汞，以改善灯的光色和提高光效，管内封装一对电极 D1、E2，玻璃外壳内抽成真空，并充入氩气。

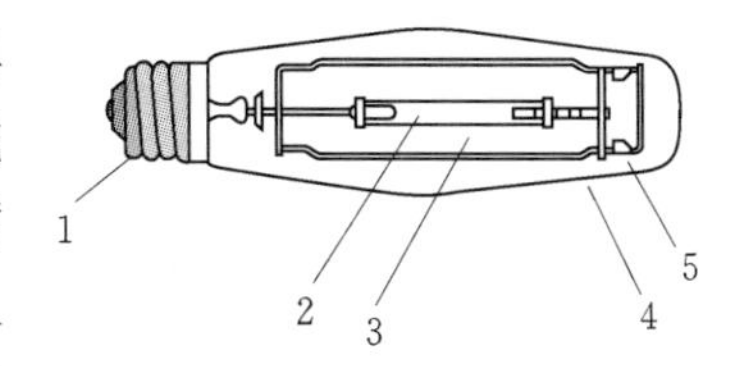

图 5.3.7 高压钠灯的构造示意图

1—黄铜灯头；2—陶瓷电弧管（含有钠、汞和氙启动饱和蒸汽）；3—电弧管和外泡壳间真空（将电弧管和气流及温度变化隔离开来）；4—玻璃泡壳（内侧漫射涂层以降低亮度）；5—尾端夹钳

当开关合上时，启动电流通过加热线圈和双金属片，加热线圈发热使双金属片角点断开，在这瞬间镇流器产生高压自感电动势，使电弧管击穿放电，启动后借助电弧管的高温使双金属片保持断开状态。高压钠灯从启动到正常稳定工作约需 4～8min，在这一过程中，灯光的光色在变化，起初是很暗的红白色辉光，很快变为亮蓝色，随后发出单一黄光，随着钠蒸气压力的增高，发出金白色光。高压钠灯还有电子触发器启动的方式。

（3）特性。高压钠灯具有发光效率高、寿命长、体积小、节省电能、紫外线辐射小、透雾性能好、抗震性能好等优点，平均寿命可达 5000h。但高压钠灯存在着显色性能较差、启动时间长等缺点。

（4）应用。适用于需要高亮度、高效率的大场所照明，如高大厂房、车站、广场、体育馆，特别是城市主要交通道路、飞机场跑道、沿海及内河港口城市的路灯照明。由于其不能瞬间点燃、启动时间长，故不宜作事故照明灯用。

5.3.6 灯具

简而言之，灯是照明之源。灯具是一种控制光源发出的光进行再分配的装置，它与光源共同组成照明器，但在实际应用中，灯具与照明器并无严格的界限。

（1）灯具的作用。

1）合理配光。即将光源发出的光通量重新分配，以达到合理利用光通量的目的。

2）限制眩光。在视野内，如果出现很亮的东西，会产生刺眼感，这种刺眼的亮光称为眩光，眩光对视力危害很大，会引起不舒适感或视力降低，限制眩光的方法是使灯具有一定的保护角，并配合适当的安装位置和悬挂高度或者限制灯具的表面亮度。

3）提高光源的效率。

4）固定和保护光源。

5）装饰和美化建筑环境。

（2）灯具的分类。照明灯具很难按一种方法来分类，可从不同角度来分类，如按光源分类、根据安装方法分类等。

1）按配光曲线分类。有直接配光（直射型灯具）、半直接配光（半直射型灯具）、均匀扩散配光（漫射型灯具）、半间接配光（半间接型灯具）、配光（间接型灯具）。

按配光曲线分类的各种类型灯具的光通量分配情况如图5.3.8所示。

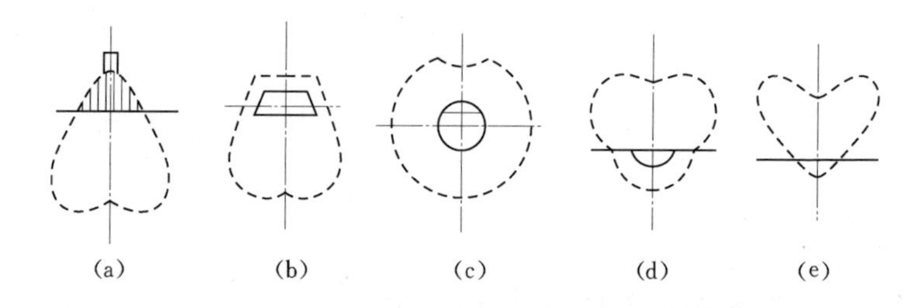

图5.3.8 光通量在上、下空间半球分配比例示意图

(a) 直射型；(b) 半直射型；(c) 漫射型；(d) 半间接型；(e) 间接型

2）按结构特点分类。灯具按结构特点分，主要有下列几种：

a. 开启型。其光源与外界环境直接相通。如图5.3.9（a）所示。

b. 闭合型。透明灯具是闭合型，透光罩把光源包合起来，但是罩内外空气仍能自由流通，如乳白玻璃球形灯等，如图5.3.9（b）所示。如天棚灯和庭院灯等。

c. 密闭型。透明灯具固定处有严密封口，内外隔绝可靠，如防水、防尘灯等，如图5.3.9（c）所示。可作为需要防潮、防水和防尘场所的照明灯具。

d. 防爆型。符合《防爆型电气设备制造检验规程》（GB 1336—1977）的要求，能安全地在有爆炸危险性质的场所中使用。如图5.3.9（d）所示。

e. 安全型。安全型灯具透光罩将灯具内外隔绝，在任何条件下，不会因灯具引起爆炸的危险，如图5.3.9（e）所示，这种灯具使周围环境中的爆炸气体不能进入灯具内部，可避免灯具正常工作中产生的火花而引起爆炸。它适用于在不正常情况下有可能发生爆炸的场所。

f. 隔爆型。隔爆型灯具结构特别坚实，并且有一定的隔爆间隙，即使发生爆炸也不易破裂，如图5.3.9（f）所示。它适用于在正常情况下有可能发生爆炸的场所。

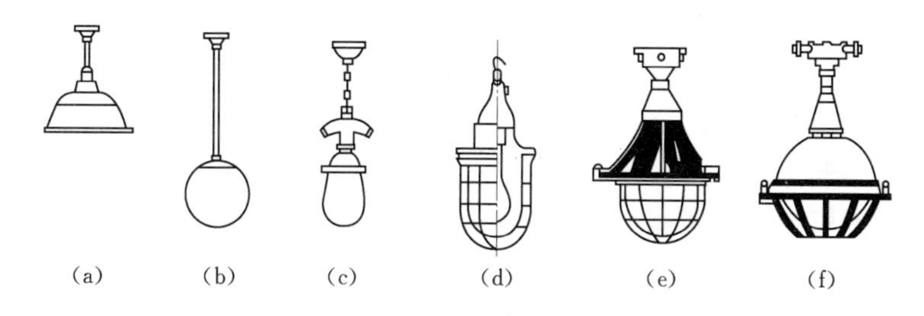

图 5.3.9　照明灯具按结构特点分类

（a）开启型；（b）闭合型；（c）密闭型；（d）防爆型；（e）安全型；（f）隔爆型

3）按安装方式分类。分为吊式X、固定线吊式X_1、防水线吊式X_2、人字线吊式X_3、杆吊式G、链吊式L、座灯头式Z、吸顶式D、壁式B和嵌入式R、落地式、台式、庭院式、道路广场式等，如图5.3.10所示。

（3）灯具的选择。照明灯具的选择是电气照明设计的基本内

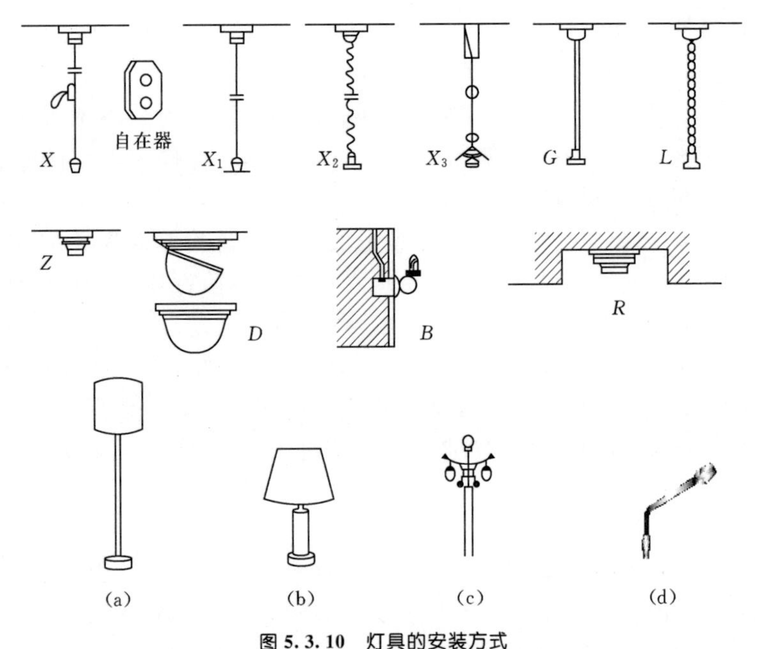

图 5.3.10　灯具的安装方式

(a) 落地式；(b) 台式；(c) 庭院式；(d) 道路广场式

容之一，应考虑按以下几方面进行选择：

1）电光源的选择。根据建筑物各房间的不同照度标准、对光色和显色性的要求、环境条件（温度、湿度等）、建筑特点、对照明可靠性的要求，根据基建投资情况结合考虑长年运行费用（包括电费、更换光源费、维护管理费和折旧费等），根据电源电压等因素，确定电光源的类型、功率、电压和数量。

2）按配光曲线选择。一般生活和工作场所，可选择直接型、半直接型、漫射型及荧光灯具。

在高大建筑物内，灯具安装高度在 4～6m 时，宜采用深照型、配照型灯具，也可选用广照型灯具。安装高度超过 6m 时，宜选用特深照型灯具。

室外照明，一般选用广照型灯具，道路照明可选用投光灯。

【例 5.3.2】　如何根据环境条件选择灯具？

答： 在正常环境中，可选用开启型灯具。

在潮湿、多灰尘的场所，应选用密闭型防水、防潮、防尘灯。

在有爆炸危险的场所，可根据爆炸危险的级别适当地选择相应的防爆灯具。

在有化学腐蚀的场所，可选用耐腐蚀性材料制成的灯具。

在易受机械损伤的环境中，应采用带保护网罩的灯具。

总之，应根据不同工作环境条件，灵活、实用、安全地选用开启式、防尘式、封闭式、防爆式、防水式以及直接和半直接照明型等多种形式的灯具。有关手册中给出了各种灯具的选型表，供选择时参考。

（4）灯具的安装。灯具的安装应牢固，便于维修和更换，不应将灯具安装在高温设备表面或有气流冲击等地方。普通吊线灯只适用于灯具重量在 1kg 以内，超过 1kg 的灯具或吊线长度超过 1m 时，应采用吊链或吊杆，此时吊线不应受力。吊挂式灯具及其附件的重量超过 3kg 时，安装时应采取加强措施，通常除使用管吊或链吊灯具外，还应在悬吊点采用预埋吊钩等固定。大型灯具的吊杆、吊链应能承受灯具自重 5 倍以上的拉力，需要人上去检修的灯具，还要另加 200kg 拉力。

大多数嵌入式灯具可以在顶棚的表面上吸顶安装，如图 5.3.11 所示。

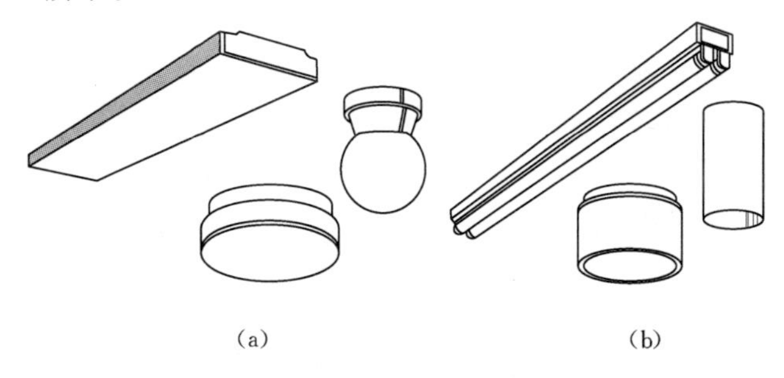

(a)　　　　(b)

图 5.3.11　吸顶安装灯具

（a）漫射型；（b）下射型

(5) 照明的种类。按光照的形式不同分为以下几类：

1) 直接照明。直接照明是指绝大部分灯光直接照射到工作面上，其特点是光效高、亮度大、构造相对简单、适用范围广，常用于对光照无特殊要求的整体环境照明和对局部地点需要高照度的局部照明。

2) 间接照明。间接照明是指光线通过折射、反射后再照射到被照射物体上，其特点是光线柔和，没有很强的阴影，光效低，一般以烘托室内气氛为主，是装饰照明和艺术照明常用的方式之一。

3) 混合照明。由直接照明和间接照明以及其他照明方式组合而成，以满足多种不同的人工照明要求。

按照明的用途不同分为以下几类。

1) 正常照明。正常工作时使用的照明。它一般可单独作用，也可与事故照明、值班照明同时使用，但控制线路必须分开。

2) 应急照明（事故照明）。在正常照明因故障熄灭后，可供事故情况下继续工作或安全通行、安全疏散的照明。应急照明灯宜布置在可能引起事故的设备、材料的周围，以及主要通道入口，应急照明必须采用能瞬时点亮的可靠光源，一般采用白炽灯或卤钨灯。

3) 警卫照明。担任一些特殊警卫任务的照明，比如监狱的探照灯等。

4) 值班照明。在非工作时间内，供值班人员使用的照明叫值班照明。值班照明可利用正常照明中能单独控制的一部分，或利用应急照明的一部分或全部。值班照明应该有独立的控制开关。

5) 障碍照明。为了保证飞机在空中飞行的安全或船只在水运航道中航行的安全，在高建筑物或构筑物的顶端或在水运航道的两边设置的障碍照明，如航标灯等。

6) 装饰照明。为美化、装饰或烘托某一特定空间环境而设置的照明。一般由装饰性零部件围绕着电光源组合而成，具有优美的造型和华丽的外表，能起到美化环境或制造特殊氛围的作用。

5.4 泵站主要照明设备的使用与维护

5.4.1 照明设备概述

泵站的照明设备一般均为采用节能光源，如电子节能灯、LED灯等光源。

电子节能灯是利用高频电子镇流器将50Hz的市电逆变成20～50kHz高频电压去点燃荧光灯。它具有以下几个优点：

(1) 光效高。紧凑型荧光灯与普通灯泡相比，发光效率约提高5～6倍，如11W节能灯的光通量相当于60W普通白炽灯。

(2) 寿命长。普通白炽灯泡的额定寿命为1000h，紧凑型荧光灯寿命一般为5000h。

(3) 显色好。各种不同的光源会显示出不同的光颜色。白炽灯和白天阳光的颜色显示指数为100Ra，光的显色指数只要大于75Ra，就能真实地反映出物体的颜色而不至于失真。紧凑型荧光灯采用稀土三基色荧光粉，它的显色指数为80Ra左右，比普通日光灯显色性显著提高。

(4) 体积小巧，造型美观，使用简便。由于紧凑型荧光灯有较高的功率负载，因此它的体积小巧。一体化节能灯的灯头规格使用条件与普通灯泡基本相同，所以可直接代替普通灯泡使用，紧凑型荧光灯集中了日光灯节电、寿命长和白炽灯体积小、显色好、使用简便等优点，为国际绿色照明光源的重点推荐产品。

5.4.2 使用与维护

(1) 使用前请确认电压，电压过高或过低会影响节能灯的使用寿命。

(2) 勿用于调光，应急照明或密闭灯具中。

(3) 请勿安装在潮湿或易受雨淋之场所。

(4) 使用环境温度应为－10～50℃，过高或过低的温度会影响正常使用。

（5）不易用于通风条件差以及紧靠白炽灯泡的灯具使用。

（6）当发现节能灯出现自熄、闪烁时请检查节能灯与灯座的接触性能及电源电压，否则需要更换节能灯。

（7）安装或更换节能灯时，须切断电源以保证安全。

（8）更换时应用手抓住塑料件，以保证人身安全及避免捏碎灯管。

（9）遇天气过冷或电压过低，节能灯出现启动不良的现象时，千万不要让节能灯总是处于灯管发红的大电流启动状态，可迅速关闭后再次通电，往往二次通电后可以奏效。

5.4.3 照明的控制系统

人们通常根据不同的天气条件、视觉效果等在不同的地点来控制照明数量和质量，比如晚上上楼时通常要先打开梯灯。控制照明最有效、最节能的方式是当不需要灯光时简单地把灯关闭。控制照明的方式通常有以下几种：

（1）手动开关控制。在几乎所有的照明系统中都安装了手动开关控制照明，除了可以进行开、关操作之外通常还可以进行调光。典型的手动开关是一个单级开关，用以连通或切断电路。如果电路需要在两个位置被控制，就需要一个双联开关。

在使用区域安装开关是最方便的。一般将开关安装在离地高度约 1.4m 且靠近入口处。可以将一批开关安装在一个面板上集中控制，这适用于有着相同照明要求区域的成组控制。集中控制面板的另一个附加好处是可以提供预设的照明“场景”。例如，一家餐馆可能有一个预设场景为午餐时间，另一个为晚餐时间，一个娱乐时间（舞台的预设场景），以及一个“全开”的场景给一天结束时的清扫工作用。

（2）时钟控制。时钟控制能在预先设定的模式下按照给定时间开灯而在不需要时关灯（或调光到一个低照度水平）。时钟控制常用于景观照明、安全照明、路灯照明等。时钟控制可以是机械的或电子的，时间计划可以基于 24h、7 天或者一年。

（3）人员流动传感器（运动传感器）。通过传感器可以探测人员流动的情况从而开灯或关灯，采用人员流动传感器一般会节省电能费用35%～45%，并能延长灯的寿命。

人员流动传感器控制系统如图5.4.1所示，传感器可以探测红外热辐射或者室内声波反射（超声或微波）的变化。

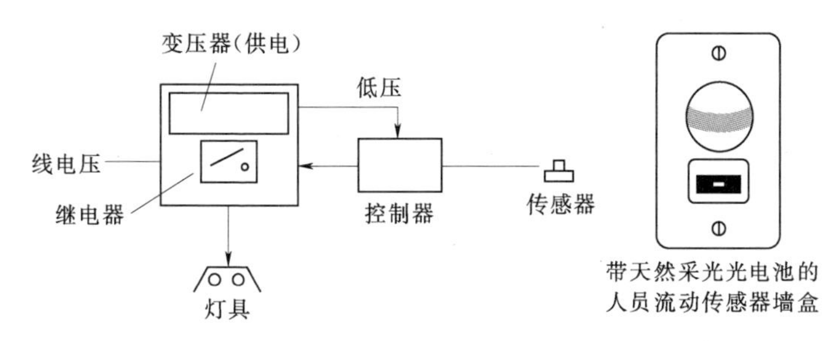

图5.4.1 人员流动传感器控制系统

最常用的传感器是被动式红外传感器（PIR）和超声传感器。

PIR传感器能够探测人体发出的红外热辐射。因此，传感器必须“看见”热源，不能探测到角落或隔断背后的停留者。PIR传感器使用一个多面的透镜从而产生一个接近圆锥形的热感应区域，当一个热源从一个区域穿过进入到另一个区域时这个运动就能被探测到。这种方法有一些缺陷：传感器对垂直方向的运动探测不如对水平方向的敏感，离传感器越远，传感器灵敏度越低。

超声传感器不是被动的：它们发出高频信号并探测反射声波的频率。这种探测器没有缺口间隙或盲点。虽然超声传感器比PIR贵，但它能能够探测到角落或隔断背后的停留者，更敏感。但增强的灵敏度可能会导致空调送风系统或风的误触发。

对于开放式有隔断的区域，传感器可以安装在顶棚上，信号覆盖区域更大，比如小型的开放式办公室、文档室、复印室、会议室等；对于私人办公室、住宅、厕所，传感器一般安装在墙上。

（4）光电控制。光电控制系统使用光电元件感知光线。当自然光对一个指定区域能提供充足的环境照明时，光电池便调低或关闭电光源，其概念是维持一个足够的照明数量而不管光源是什么。除了可以根据自然光调节电气光源发出的光之外，光电池还可以在灯老化时维持照度水平。

第 6 章　建筑防雷与接地

6.1　雷电的形成及其危害

6.1.1　雷电的形成

雷电现象是自然界大气层在特定条件下形成的。雷云对建筑物及大地自然放电的现象，称为雷击。雷击产生的破坏力极大，它对地面上的建筑物、电气线路、电气设备和人身都可能造成直接或间接的危害，因此必须采取适当的防范措施。

6.1.2　雷电的危害

（1）直击雷。直击雷就是雷云直接通过建筑物、地面设备或树木对地放电的过程。强大的雷电流通过被击物时产生大量的热量，凡是雷电流流过的物体，金属被熔化，树木被烧焦，建筑物被炸裂。尤其是雷电流流过易燃易爆物体时，还会引起火灾或者爆炸，造成建筑物倒塌、设备损坏以及人身伤害等重大事故。其后果在雷电危害的 3 种方式中最为严重。

（2）感应雷。感应雷是附近有雷云或落雷所引起的电磁作用的结果，分为静电感应和电磁感应两种。静电感应是由于雷云靠近建筑物，使建筑物顶部由于静电感应积聚起极性相反的电荷，雷云对地放电后，这些电荷来不及扩散到大地，因而形成很高的对地电位，能在建筑物内部引起火花；电磁感应是当雷电流通过金属导体流散大地时，形成迅速变化的强大磁场，能在附近的金属导体内感应出电势，而在导体回路的缺口处引起火花，发生火灾或爆炸，并危及人身安全。

（3）雷电波侵入。雷电波侵入是由于架空线路或金属管道遭受直击雷或感应雷所引起的，雷云放电所形成的高电压将沿着架空线路或金属管道进入室内，破坏建筑物和电气设备。据调查统计，供电系统中由于雷电波侵入而造成的雷害事故，占整个雷害事故的50%～70%，因此对雷电波侵入的防护应予以足够的重视。

【例 6.1.1】 建筑物防雷如何分类?

答： 建筑物防雷分类是根据建筑物的重要性、使用性质、发生雷电事故的可能性以及影响后果等来划分的。在建筑电气设计中，把民用建筑按照防雷等级分为3类。

（1）第1类防雷民用建筑物：具有特别重要用途和重大政治意义的建筑物，如国家级会堂、办公机关建筑；大型体育馆、展览馆建筑；特等火车站；国际性的航空港、通信枢纽；国宾馆、大型旅游建筑等；国家级重点文物保护的建筑物；超高层建筑物。

（2）第2类防雷民用建筑物：重要的或人员密集的大型建筑物，如省、部级办公楼；省级大型的体育馆、博览馆；交通、通信、广播设施；商业大厦、影剧院等；省级重点文物保护的建筑物；19层及以上的住宅建筑和高度超过50m的其他民用建筑。

（3）第3类防雷民用建筑物：建筑群中高于其他建筑物或处于边缘地带的高度为20m以上的建筑物，在雷电活动频繁地区高度为15m以上的建筑物；高度超过15m的烟囱、水塔等孤立建筑物；历史上雷电事故严重地区的建筑物或雷电事故较多地区的重要建筑物；建筑物年计算雷击次数达到几次及以上的民用建筑。

因第3类防雷建筑物种类较多，规定也比较灵活，应结合当地气象、地形、地质及周围环境等因素确定。一般南方供水泵站就属于雷电活动频繁地区的给水建筑物。

6.2 避雷装置

避雷装置主要由接闪器、引下线和接地装置等组成。避雷装置的作用是：将雷云电荷或建筑物感应电荷迅速引入大地，以保护建筑物、电气设备及人身免遭雷击。

6.2.1 接闪器

接闪器是用来接受雷电流的装置，接闪器的类型主要有避雷针、避雷线、避雷带、避雷网和避雷器等。

(1) 避雷针。避雷针是安装在建筑物突出部位或独立装设的针形导体，在发生雷击时能够吸引雷云放电保护附近的建筑物设备。避雷针一般用镀锌圆钢或镀锌钢管制成，其长度在1m以下时，圆钢直径不小于20mm；针长度在1～2m时，圆钢直径不小于16mm，钢管直径不小于25mm；烟囱顶上的避雷针，圆钢直径不小于20mm，钢管直径不小于40mm。

(2) 避雷线。避雷线一般采用截面不小于35mm^{2}的镀锌钢绞线，架设在架空线路上方，用来保护架空线路避免遭雷击。

(3) 避雷带。避雷带是沿建筑物易受雷击部位（如屋脊、屋角等）装设的带形导体。

(4) 避雷网。避雷网是由屋面上纵横交错敷设的避雷带组成的网格形状导体。避雷网一般用于重要的建筑物防雷保护。

避雷带和避雷网一般采用镀锌圆钢或扁钢制成。

(5) 避雷器。避雷器用来防止雷电波沿线路侵入建筑物内，以免电气设备损坏。常用避雷器的类型有阀式避雷器、管式避雷器等。

《建筑电气工程施工质量验收规范》（GB 50303—2012）中要求：建筑物顶部的避雷针、避雷带等必须与顶部外露的其他金属物体连成一个整体的电气通路，且与避雷引下线可靠性连接。

6.2.2 引下线

引下线是将雷电流引入大地的通道。引下线的材料多采用镀锌扁钢或镀锌圆钢。引下线的敷设方式分为明敷和暗敷两种。明敷引下线应平直、无急弯，与支架焊接处油漆防腐，且无遗漏。明敷引下线的支持件间距应均匀，水平直线部分0.5～1.5m，垂直直线部分1.5～3m，弯曲部分0.3～0.5m。暗敷在建筑物抹灰层内的引下线应有卡钉分段固定。引下线的安装路径应短直，其紧固件及金属支持件均应采用镀锌材料，在引下线距地面 1.8m 处设断接卡子。明设安装时，应在引下线距地面上 1.7m 至地面下 0.3m 的一段加装竹管、塑料管或钢管保护，其典型做法如图 6.2.1 所示。

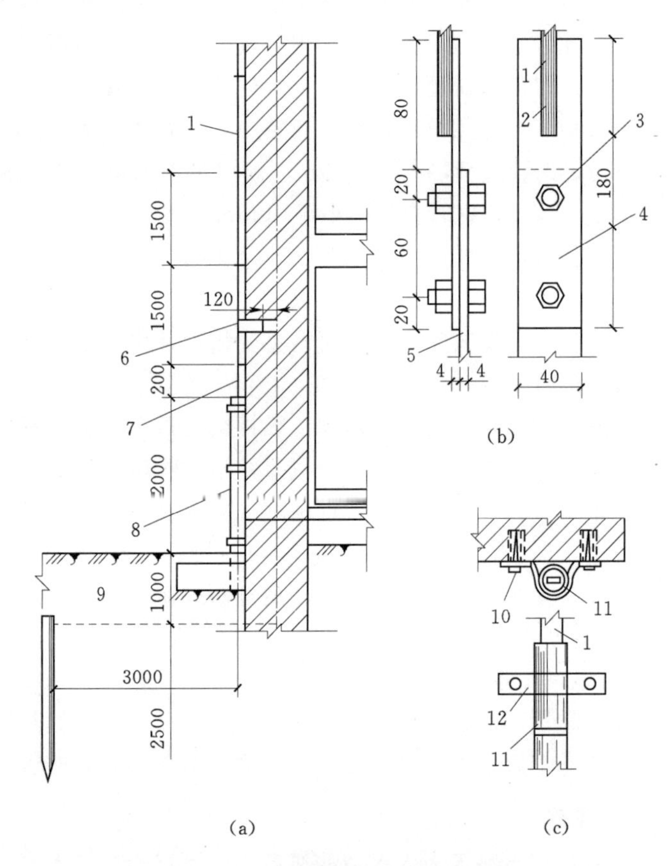

图 6.2.1　避雷装置引下线的安装示例

(a) 引下线安装方法；(b) 断接卡子连接；(c) 引下线竹管保护做法

1—引下线；2—焊接；3—镀锌 M10 螺栓；4—镀锌扁钢；5—接地导线；6—支持卡；7—断接卡；8—竹管保护；9—接地体；10—塑料胀管固定；11—竹管；12—铁卡子

6.2.3 接地装置

接地装置包括接地体和接地线。接地装置的作用是把引下线引下的雷电流迅速扩散到大地土壤中。接地体的材料多采用镀锌角钢或镀锌圆钢，接地线的材料选用镀锌扁钢。

6.3 建筑物防雷措施

对于第一、第二类民用建筑，应有防直接雷击和防雷电波侵入的措施；对于第三类民用建筑，应有防止雷电波沿低压架空线路侵入的措施，至于是否需要防止直接雷击，应根据建筑物所处的环境特性、建筑物的高度以及面积来判断。

6.3.1 防直击雷的措施

民用建筑的防雷措施，原则上是以防直击雷为主要目的，防止直击雷的装置一般由接闪器、引下线和接地装置 3 部分组成。

由接闪器、引下线和接地装置组成的防雷装置，能有效防止直击雷的危害。其作用原理是：接闪器接受雷电流后通过引下线进行传输，最后经接地装置使雷电流入大地，从而保护建筑物免遭雷击。由于防雷装置避免了雷电对建筑物的危害，所以把各种防雷装置和设备称为避雷装置和避雷设备，如避雷针、避雷带、避雷器等。

6.3.2 防雷电波入侵的措施

防止雷电波入侵的一般措施是：凡进入建筑物的各种线路及金属管道采用全线埋地引入的方式，并在入户处将其有关部分与接地装置相连接。当低压线全线埋地有困难时，可采用一段长度不小于 50m 的铠装电缆直接埋地引入，并在入户端将电缆的金属外皮与接地装置相连接。当低压线采用架空线直接入户时，应在入户处装设阀型避雷器，该避雷器的接地引下线应与进户线的绝缘子铁脚、电气设备的接地装置连在一起。避雷器能有效地防止雷电波由架空管线进入建筑物，阀型避雷器的安装如图 6.3.1 所示。

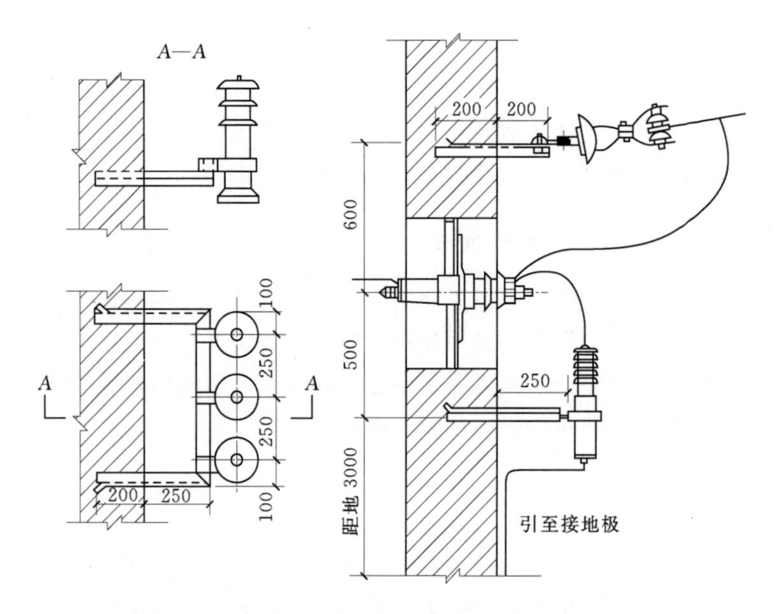

图 6.3.1　阀型避雷器在墙上的安装及接线（单位：mm）

6.3.3　防雷电反击的措施

防止雷电流流经引下线产生的高电位对附近金属物体的反击。所谓反击，就是当防雷装置接受雷电流时，在接闪器、引下线和接地体上都会产生很高的电位，如果防雷装置与建筑物内外的电气设备、电线或其他金属管线之间的绝缘距离不符合要求，它们之间就会发生放电，该现象称为反击。反击会造成电气设备绝缘破坏、金属管道烧穿、甚至引起火灾和爆炸。防止雷电反击的措施有两种：

（1）将建筑物的金属物体（含钢筋）与防雷装置的接闪器、引下线分隔开，并且保持一定的距离。

（2）在施工中如果防雷装置与建筑物内的钢筋、金属管道分隔开有一定的难度，可将建筑物内的金属管道系统的主干管道与靠近的防雷装置相连接，有条件时宜将建筑物内每层的钢筋与所有的防雷引下线连接。

【例 6.3.1】 现代建筑的防雷特点是什么？

答： 现代工业与民用建筑大多采用钢筋混凝土结构，建筑物内的各种金属物和电气设备种类繁多。例如，建筑物内的暖气、煤气、自来水等管道以及家用电器、电子设备愈来愈多，若以上设备不采取合适的防雷措施，易发生雷电事故。因此，在考虑防雷措施时，不仅要考虑建筑物本身的防雷，还要考虑到建筑物内部设备的防雷。对于工业与民用建筑，所采取的防雷措施主要取决于不同建筑物的防雷分类。

6.4 接地的类型和作用

在日常生活和工作中难免会发生触电事故。用电时人体与用电设备的金属结构（如外壳）相接触，如果电气装置的绝缘损坏，导致金属外壳带电，或者由于其他意外事故，使金属外壳带电，则会发生人身触电事故。为了保证人身安全和电气系统、电气设备的正常工作需要，采取保护措施是非常有必要的，最常用的保护措施就是保护接地或保护接零。根据电气设备接地不同的作用，可将接地类型分为以下几种。

6.4.1 工作接地

在正常情况下，为保证电气设备的可靠运行，并提供部分电气设备和装置所需要的相电压，将电力系统中的变压器低压侧中性点通过接地装置与大地直接相连，这种接地方式称为工作接地。

6.4.2 保护接地

为了防止电气设备由于绝缘损坏而造成的触电事故，将电气设备的金属外壳通过接地线与接地装置连接起来，这种保护人身安全的接地方式称为保护接地。其连接线称为保护线（PE）或保护地线和接地线。

6.4.3 工作接零

单相用电设备为获取相电压而接的零线，称为工作接零。其连接线称中性线（N）或零线，与保护线共用的称为 PEN 线。

6.4.4 保护接零

为了防止电气设备因绝缘损坏而使人身遭受触电危险，将电气设备的金属外壳与电源的中性线（俗称零线）用导线连接起来，称为保护接零。其连接线也称为保护线（PE）或保护零线。

6.4.5 重复接地

当线路较长或要求接地电阻值较低时，为尽可能降低零线的接地电阻，除变压器低压侧中性点直接接地外，将零线上一处或多处再进行接地，则称为重复接地。

6.4.6 防雷接地

防雷接地的作用是将雷电流迅速安全地引入大地，避免建筑物及其内部电器设备遭受雷电侵害。

6.4.7 屏蔽接地

由于干扰电场的作用会在金属屏蔽层感应电荷，而将金属屏蔽层接地，使感应电荷导入大地，称屏蔽接地，如专用电子测量设备的屏蔽接地等。

6.4.8 专用电子设备的接地

如医疗设备、电子计算机等的接地，即为专用电气设备的接地。电子计算机的接地主要有直流接地（即计算机逻辑电路、运算单元、CPU 等单元的直流接地，也称逻辑接地）和安全接地。一般电子设备的接地有信号接地、安全接地、功率接地（即电子设备中所有继电器、电动机、电源装置、指示灯等的接地）等。

6.4.9 接地模块

接地模块是近年来在施工中推广的一种接地方式。接地模块顶面埋深不小于 0.6m，接地模块间距不应小于模块长度的 3～5 倍。接地模块埋设基坑，一般为模块外形尺寸的 1.2～1.4 倍，且在开挖深度内详细记录地层情况。接地模块应垂直或水平就位，不应倾斜设置，保持与原土层接触良好。接地模块应集中引线，用干线把模块接地并联焊接成一个环路，干线的材质与接地模块焊接点的材质应相同，钢制的采用热浸镀锌扁钢，引出线不少于两处。

6.4.10 建筑物等电位联结

建筑物等电位联结作为一种安全措施，多用于高层建筑和综合建筑中。

《建筑电气工程施工质量验收规范》（GB 50303—2012）中要求：建筑物等电位联结干线应从与接地装置有不少于2处直接联结的接地干线或总等电位箱引出，等电位联结干线或局部等电位箱间的联结线形成环行网路，环行网路应就近与等电位联结干线或局部等电位箱连接。支线间不应串联联结。

等电位联结的线路最小允许截面为：铜干线16mm^2，铜支线6mm^2；钢干线50mm^2，钢支线16mm^2。

6.5 低压配电保护接地系统

低压配电系统按保护接地形式分为TN系统、TT系统、IT系统。其中TN系统是我国广泛采用的中性点直接接地的运行方式，按照中性线与保护线的组合情况TN系统又分为TN－C系统、TN－S系统和TN－CS系统。

6.5.1 TN－C系统

整个系统的中性线（N）和保护线（PE）是共用的，该线又称为保护中性线（PEN），如图6.5.1所示。其优点是节省了一条导线，但在三相负载不平衡或保护中性线断开时会使所有用电设备的金属外壳都带上较高的电压。在一般情况下，如保护装置和导线截面选择适当，TN－C系统是能够满足要求的。TN－C系统现在已经很少采用，尤其是在民用配电中已基本上不允许采用。

6.5.2 TN－S系统

整个系统的N线和PE线是分开的。其优点是PE线在正常

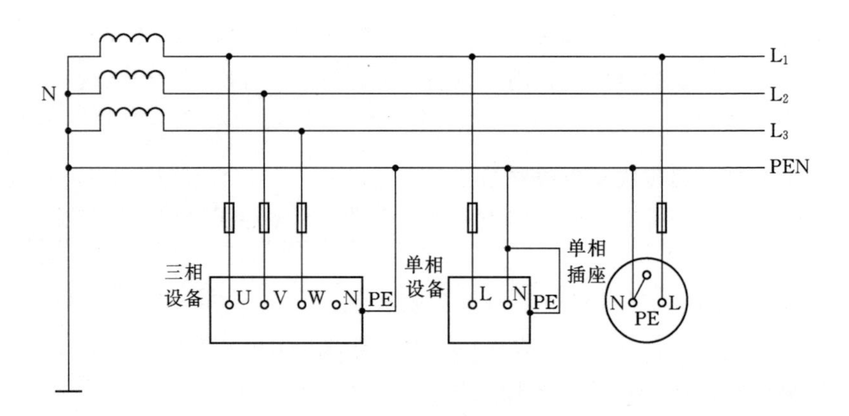

图 6.5.1　TN－C 系统

情况下没有电流通过，因此，不会对接在 PE 线上的其他设备产生电磁干扰。此外，由于 N 线与 PE 线分开，N 线断线也不会影响 PE 线的保护作用，但 TN－S 系统耗用的导电材料较多，投资较大。如图 6.5.2 所示。TN－S 系统是目前我国应用最为广泛的低压配电系统，新建的大型民用建筑和住宅小区大多数采用该系统。

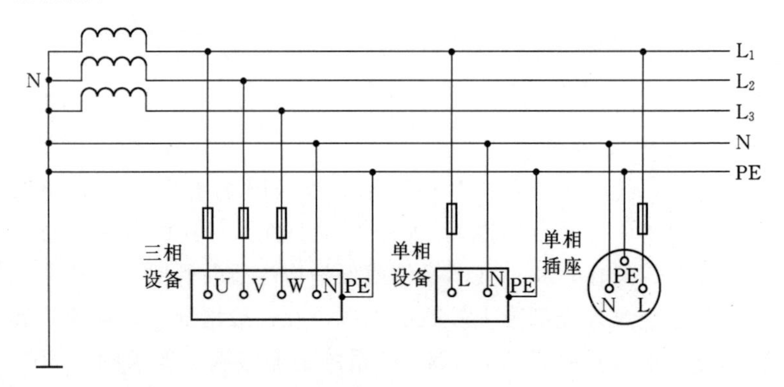

图 6.5.2　TN－S 系统

6.5.3　TN－C－S 系统

系统中前一部分中性线和保护线是合一的，而后一部分是分开的，且分开后不允许再合并。该系统兼有 TN－C 系统和 TN－S 系统的特点，常用于配电系统末端环境较差或对电磁抗干扰要求较高的场所，如图 6.5.3 所示。

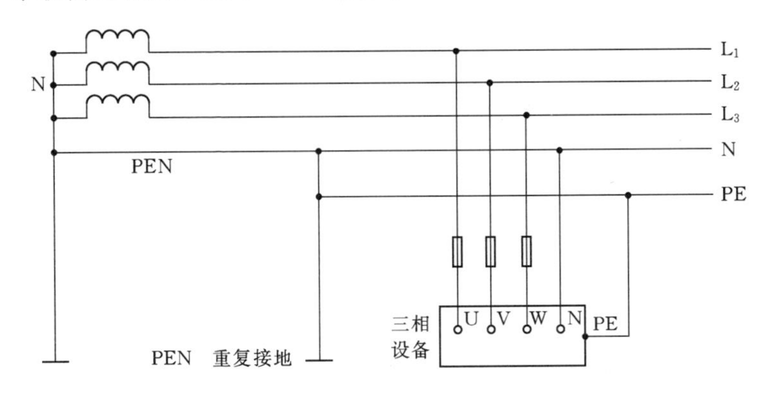

图 6.5.3 TN－C－S 系统

6.6 接地装置的安装

6.6.1 接地体及安装

安装人工接地体时，一般应按设计施工图进行。接地体的材料均应采用镀锌钢材，并应充分考虑材料的机械强度和耐腐蚀性能。

（1）垂直接地体。

1）布置形式：如图 6.6.1 所示，其每根接地极的水平间距应不小于 5m。

2）接地体制作：一般采用镀锌角钢或圆钢。

3）安装：一般要先挖地沟，再采用打桩法将接地体打入地沟以下，接地体的有效深度应不小于 2m；按要求打桩完毕后，连接引线和回填土至接地体。

（2）水平接地体。

1）布置形式：分为带形、环形、放射形 3 种，如图 6.6.2 所示。

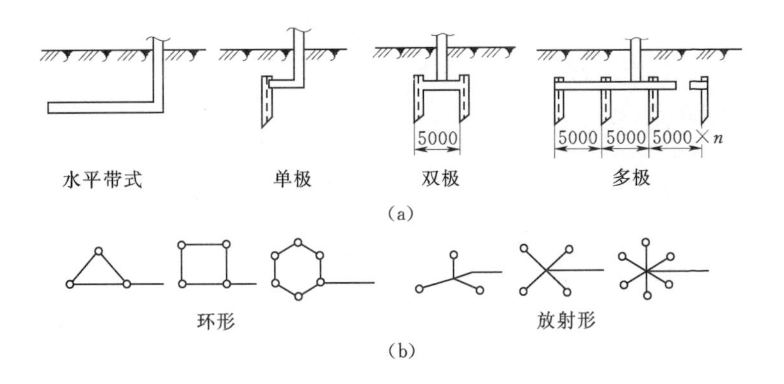

图 6.6.1　垂直接地体的布置形式

(a) 剖面图；(b) 平面图

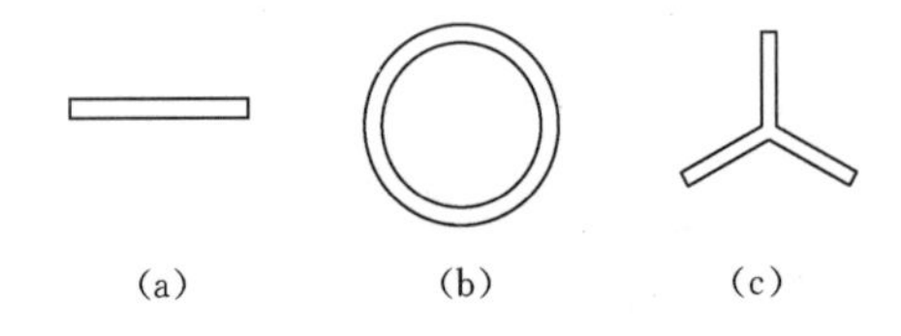

图 6.6.2　水平接地体的布置形式

(a) 带形；(b) 环形；(c) 放射形

2）接地体制作：一般采用镀锌圆钢或扁钢。

3）安装：水平接地体的埋设深度一般应在0.7～1m之间。

6.6.2　接地线的敷设

(1) 人工接地线的材料。人工接地线一般包括接地引线、接地干线和接地支线等。为了使接地连接可靠并有一定的机械强度，人工接地线一般均采用镀锌扁钢或镀锌圆钢制作。移动式电气设备或钢质导线连接困难时，可采用有色金属作为人工接地线，但严禁使用裸铝导线作为接地线。

(2) 接地体间连接扁钢的敷设。垂直接地体间多采用扁钢连接。当接地体打入地中后，即可将扁钢侧放于沟内，依次将扁钢与接地体用焊接的方法连接，经过检查确认符合要求后将沟填平。

（3）接地干线与支线的敷设。接地干线与支线的敷设分为室外和室内两种。室外的接地干线和支线供室外电气设备接地用，一般敷设在沟内；室内的接地干线和支线供室内的电气设备接地用，一般采用明敷，敷设在墙上、母线架上、电缆桥架上。

6.6.3 自然接地装置的安装

电气设备接地装置的安装，应尽可能利用自然接地体和自然接地线，有利于节约钢材和减少施工费用。自然接地体有以下几种：金属管道、金属结构、电缆金属外皮、构筑物与建筑物钢筋混凝土基础等。自然接地线有以下几种：建筑物的金属结构、生产设备的金属结构、配线用的钢管、电缆金属外皮、金属管道等。

6.6.4 接地电阻的测量

接地装置安装完毕后，必须进行接地电阻的测量工作，以确定测试接地装置的接地电阻值是否符合设计和规范要求。

测量接地电阻的方法通常有接地电阻测试仪测量法，有时也采用电流表-电压表测量法。常用的接地电阻测试仪有 ZC8 型和 ZC28 型，以及新型的数字接地电阻测试仪。

第7章　控制和信号的回路

7.1　二次回路概述

7.1.1　二次回路定义与组成

二次回路指测量回路、继电保护回路、开关控制及信号回路、操作电源回路、断路器和隔离开关的电气闭锁回路等全部低压回路。由二次设备互相连接，构成对一次设备进行监测、控制、调节和保护的电气回路称为二次回路，是在电气系统中由互感器的次级绕组、测量监视仪器、继电器、自动装置等通过控制电缆连成的电路，用以控制、保护、调节、测量和监视一次回路中各参数和各元件的工作状况。

二次回路是由测量仪表、继电器、控制和信号元件、自动装置、继电保护装置、电流互感器、电压互感器等组成的，按一定的要求连接在一起所构成的电气回路。

7.1.2　二次回路分类

（1）按电源性质分。

1）交流电流回路：由电流互感器（TA）二次侧供电给测量仪表及继电器的电流线圈等所有电流元件的全部回路。

2）交流电压回路：由电压互感器（TV）二次侧及三相五柱电压互感器开口三角经升压变压器转换为220V供电给测量仪表及继电器等所有电压线圈以及信号电源等。

3）直流回路：使用所变输出经变压、整流后的直流电源。

4）蓄电池：适用于大、中型变、配电所，投资成本高，占地面积大。

（2）按用途分。分为操动回路、测量回路、继电保护回路、开关控制及信号回路、断路器和隔离开关的电气闭锁回路等。

1）操动回路：包括从操动（作）电源到断路器分、合闸线圈之间的所有有关元件，如熔断器、控制开关、中间继电器的触点和线圈、接线端子等。

2）信号回路：包括光字牌回路、音响回路（警铃、电笛），是由信号继电器及保护元件到中央信号盘或由操动机构到中央信号盘。

7.1.3 识图

常用的继电保护接线图包括：继电保护的原理接线圈、二次回路原理展开图、施工图（又称背面接线图）、盘面布置图。

（1）“先看一次，后看二次”。一次：断路器、隔离开关、电流、电压互感器、变压器等。了解这些设备的功能及常用的保护方式，如变压器一般需要装过电流保护、电流速断保护、过负荷保护等，掌握各种保护的基本原理；再查找一、二次设备的转换、传递元件，一次变化对二次变化的影响等。

（2）“看完交流，看直流”。指先看二次接线图的交流回路以及电气量变化的特点，再由交流量的“因”查找出直流回路的“果”。一般交流回路较简单。

（3）“交流看电源、直流找线圈”。指交流回路一般从电源入手，包含交流电流、交流电压回路两部分；先找出由哪个电流互感器或哪一组电压互感器供电（电流源、电压源），变换的电流、电压量所起的作用，它们与直流回路的关系，相应的电气量由哪些继电器反映出来。

（4）“线圈对应查触头，触头连成一条线”。指找出继电器的线圈后，再找出与其相应的触头所在的回路，一般由触头再连成另一回路；此回路中又可能串接有其他的继电器线圈，由其他继电器的线圈又引起它的触头接通另一回路，直至完成二次回路预先设置的逻辑功能。

（5）“上下左右顺序看，屏外设备接着连”。主要针对展开图、端子排图及屏后设备安装图，原则上由上向下、由左向右看，同时结合屏外的设备一起看。

7.2 操作电源

7.2.1 操作电源含义

泵站或水厂变、配电二次回路中的控制、信号、保护、自动装置和事故照明所用的电源，统称为操作电源。

操作电源供电的二次回路按其负荷性质可分为控制回路（控制负荷）和合闸回路（动力负荷）。控制回路通常指向断路器跳合闸回路控制、继电保护、自动装置及信号回路供电的二次回路，其负荷是较小的；而合闸回路是只在合闸时才能提供负荷电流的电路，这种电流一般是较大的冲击电流，在实际应用中，通常将控制回路与合闸回路分开供电。

7.2.2 操作电源分类

变电所的操作电源，按其性质分为交流操作电源和直流操作电源两大类。直流操作电源又分为由蓄电池组供电的独立直流操作电源和由硅整流供电的直流操作电源。

7.2.3 几种操作电源的特点

采用交流操作电源，具有节省投资、简化二次接线以及便于运行维护等优点，但由于不能构成复杂的保护装置，110kV 以上的断路器还不能配套安装交流跳闸线圈的操作机构，同时交流操作使电流互感器二次负载过大、误差大等原因，其使用受到较大限制。

蓄电池组直流操作电源，与系统运行情况无关，即使在变电所完全停电的情况下，仍能保证二次回路及事故照明等可靠工作。常用的蓄电池有酸性铅蓄电池和碱性镉、镍蓄电池两大类。但因蓄电池价格昂贵，需要许多辅助设备，且蓄电池及充电设备运行操作复杂，容易损坏，需要经常维护，所以采用蓄电池组会使投资增加、运行维护困难。

硅整流供电的直流操作电源，取消了蓄电池，可以大大节省投资，简化直流供电系统，简化运行维护工作，但它不是独立的电源，它采用的是由交流系统经整流的供电方式，一旦交流系统断电时，有失去操作电源的危险。因此要保证硅整流直流操作电源的可靠供电，首先要有可靠的变电所自用电源。此外，当系统发生故障时，正是二次回路中的保护、控制和信号灯回路需要工作的时候，而交流电源的电压可能会大大降低甚至消失，使整流器不能正常供电，为此常采用装设储能电容器，采用复式整流等补救措施，以保证继电保护装置和跳闸线圈可靠地动作。

7.2.4 直流系统的绝缘监视

直流系统在正常运行时，正负极均不接地，但由于直流系统接线比较复杂，分布面广，经常会因绝缘损坏而发生接地。一旦控制回路发生两点接地，有可能会使断路器误动作，影响一次系统的正常供电。因此，在直流系统中要求装设经常监视绝缘状态足够灵敏的绝缘监视装置，当220V直流系统中任一极的绝缘电阻下降到15～20kΩ时，绝缘监视装置应能发出灯光及音响预告信号。

最简单的绝缘监视装置是采用一只或两只高内阻的电压表，接线如图7.2.1所示。

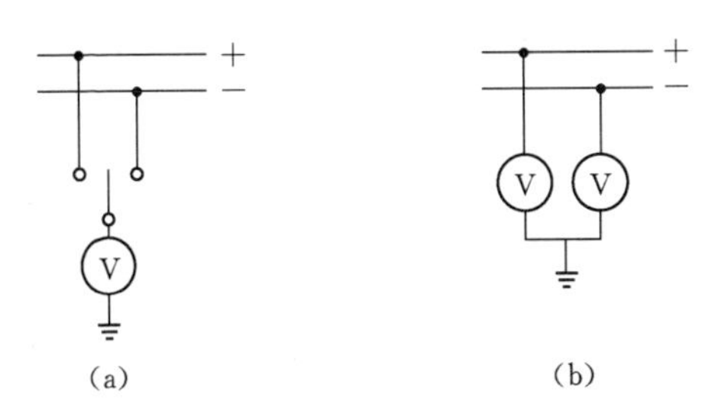

图7.2.1 绝缘监视装置接线图

(a) 单只电压表法；(b) 两只电压表法

采用一只电压表时如图7.2.1 (a) 所示接线，用切换开关分别测量正、负极对地电压。若电压表指示均为零，表明两极对地绝缘良好，若测量一极有电压指示，则表明另一极绝缘损坏。

采用两只电压表时如图 7.2.1（b）所示接线，当两极绝缘良好时，两只电压表指示相同，均为母线电压之半。若一极绝缘下降为零，则接该极的电压表指示降为零，另一只电压表指示上升为母线电压。若某极绝缘电阻下降但未到零，则接在该极的电压表指示在零与一半母线电压之间。

7.3 高压断路器控制回路

高压断路器控制回路也称操作回路，变电所内对断路器的分、合闸控制是通过控制回路实现的。

7.3.1 控制回路的分类

（1）按控制地点分为就地控制和集中控制。

（2）按分、合回路监视方式分为灯光监视和音响监视。

（3）按控制回路接线分为控制开关具有固定位置的不对应接线和控制开关触点自动复位的接线。

7.3.2 对控制回路的基本要求

（1）应有监视断路器分闸、合闸回路及电源是否完好的监视信号。

（2）应有反应断路器分、合闸位置的位置信号，以及反应由断电保护、自动装置动作而使断路器分闸或合闸的信号装置。

（3）应有防止断路器“跳跃”的机械闭锁或电气闭锁装置。

（4）分、合闸命令执行后，应立即断开电路。

（5）控制回路接线不仅要满足手动分、合闸的要求，而且当继电保护或自动装置动作时，应能实现自动分、合闸的要求。

（6）控制回路接线应简单可靠，使电缆芯数最少。

7.3.3 控制开关

断路器按对象分别控制的控制开关有控制按钮和转换开关两

类。目前变电所多采用 LW_2、LW_5 系列控制开关。

【例 7.3.1】 说明 LW_2 控制开关结构与工作过程（图 7.3.1）。

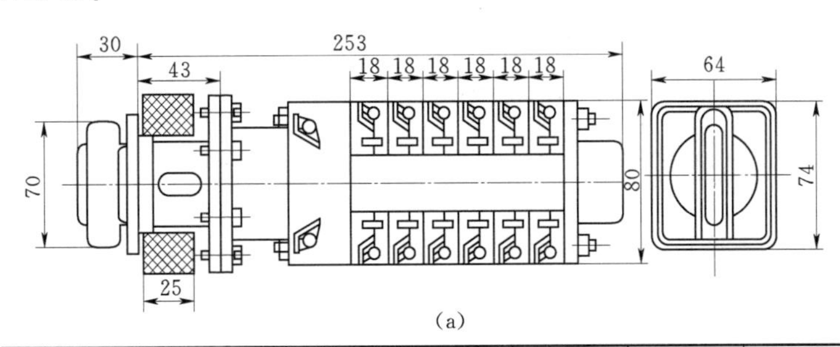

(a)

在"跳闸后"位置的手柄(正面)的样式和触点盒(背面)接线图			1 2 4 3		5 6 8 7		9 10 12 11			13 14 16 15			17 18 20 19			21 22 24 23		
手柄和触点盒形式		F8	1a		4		6a			40			20			20		
触点号		—	1—3	2—4	5—8	6—7	9—10	9—12	10—11	13—14	14—15	13—16	17—19	17—18	18—20	21—23	21—22	22—24
位置	跳闸后		—	×	—	—	—	—	×	—	×	—	—	—	×	—	—	×
	预备合闸		×	—	—	—	×	—	—	×	—	—	—	×	—	—	×	—
	合闸		—	—	×	—	—	×	—	—	—	×	×	—	—	×	—	—
	合闸后		×	—	—	—	×	—	—	—	—	×	×	—	—	×	—	—
	预备跳闸		—	×	—	—	—	—	×	×	—	—	—	×	—	—	×	—
	跳闸		—	—	—	×	—	—	×	—	×	—	—	—	×	—	—	×

(b)

图 7.3.1　LW_2 系列常用控制开关外形和手柄在不同位置时的触点状态图

(a) 设备控制开关外形；(b) 手柄在不同位置时的触点状态

答： 常用的 LW_2 控制开关为 LW_2 - Z 型或 LW_2 - YZ 型。控制开关由外壳、手柄和不同形式的接线盒组成，每个触点盒内部有 4 个定触点和 1 个随转轴转动的动触点。由于动触点凸轮与簧片的形状及安装位置不同，可以构成 14 种形式的触点盒（1、1a、2、4、5、6、6a、7、8 以及 10、40、50 和 20、30 等 14 种型号），图 7.3.1 为 LW_2－Z－1a、4、60、40、20、20/Fs 最常用的主设备控制开关外形和手柄在不同位置时的触点状态（表中“×”表示该对接点在该位置接通）。

LW_5 系列开关有旋钮和普通型手柄两种，其操作简单，只需一步进行，多用于电动机系统的断路器控制。

7.3.4 音响监视控制回路

常用的音响监视控制回路见图 7.3.2，控制回路的特点是控制部分与信号部分是分开的，由控制母线 KM 和信号母线 XM 分别供电。位置信号由一只附在控制开关手柄内的信号灯，利用

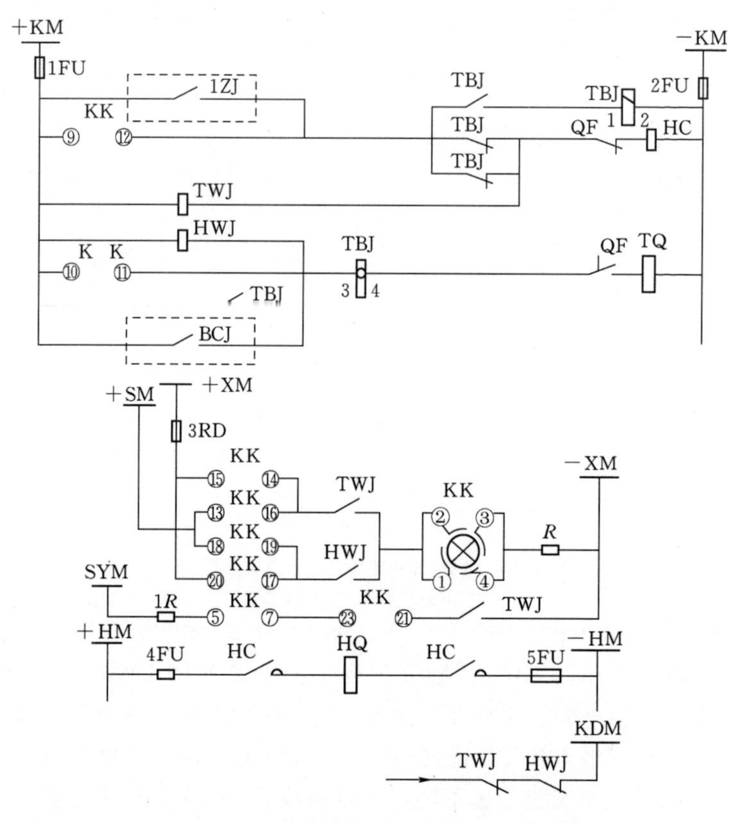

图 7.3.2　具有音响监视的断路器控制、信号回路

合闸位置继电器 HWJ 和跳闸位置继电器 TWJ 的常开接点，结合手柄位置指示的。对控制回路的监视是利用两个继电器的常闭接点动作于音响，更能引起值班人员的注意。

(1) 合闸过程：先将手柄转至“预合”位置，此时 KK14－13 经 TWJ、指示灯的 2－4 触点，把信号灯接至闪光小母线，指示灯闪光，用以核对操作回路是否正确，然后再转至“合闸”位置，KK9－12 接通，断路器合闸，KK20－17 接通，经 KK2－4 触点，HWJ 常开触点指示灯发出平光。

(2) 跳闸过程：手柄转至“预跳”位置，KK17－18 触点经 HWJ、指示灯 1－3 触点，把信号灯接至闪光灯小母线，指示灯闪光，核对操作回路正确，再转至“跳闸”位置，KK10－11 接通，断路器跳闸，KK15－14 接通，经 KK1－3 触点、TWJ 常开触点，指示灯发出平光。

(3) 事故跳闸：事故后继电保护动作，BCJ 闭合，使断路器跳闸，断路器联动 QF 常闭触点闭合，TWJ 带电，由于“不对应”状态，此时 KK 处于合闸后状态，则 KK13－14 是接通的，指示灯闪亮。同样由于“不对应”，在“合闸后”状态 KK5－7、KK23－21 都是接通的，经 TWJ 常开触点接通中央信号事故小母线 SYM 发出事故音响信号。

(4) 控制回路监视：利用合闸位置继电器和跳闸位置继电器的常闭接点相串联接至预告信号。因为正常运行时，HWJ 和 TWJ 交替通电，其常闭接点总有一个是断开的。当控制回路熔断器熔断，或合闸回路、跳闸回路断线时，常闭接点才有可能同时接通，发出音响，起监视作用。

(5) “防跳跃”装置：当断路器合闸于故障线路，而合闸接点 9－12 又因各种原因不能断开，这时继电器保护动作使断路器跳闸，其常闭辅助接点 QF 闭合，又接通了合闸回路，使断路器又机械地合闸，断路器这种多次出现“合”“跳”的现象，称为“跳跃”。

本接线采用的防跳继电器 TBJ 有两个线圈：电流线圈启动、

电压线圈自保持。电流线圈串联在跳闸回路中，常闭接点串联在合闸回路中，一个常开接点、防跳继电器电压线圈与合闸接点KK9－12相串联构成自保持电路。当断路器合闸于故障点时，继电保护动作，出口中间继电器常开接点接通使断路器跳闸。同时串接在跳闸回路中的TBJ电流线圈通电并启动，接点换接。此时若KK9－12仍然接通，则TBJ电压线圈通电并自保持，串联在合闸回路的常开接点保持断开，保证断路器不会再次合闸，防止断路器跳跃。TBJ自保持至合闸命令撤销，即接点9－12断开为止。

7.4 中央信号装置

中央信号装置是监视变电站电气设备运行的各种信号装置的总称。正常运行时，它能显示设备的运行状态，当出现不正常情况及发生事故时，信号装置能及时通知和召唤值班人员判断和处理。中央信号按其性质可分为事故信号、预告信号和位置信号3种。

7.4.1 事故信号装置

包括音响信号和灯光信号装置，断路器事故跳闸时，一般发出音响和闪光两种信号。音响信号为变电站全部断路器所公用，灯光信号一般分散与断路器的位置信号共用。

7.4.2 预告信号装置

包括音响信号装置和光字牌。当电气设备运行不正常时，一方面发出电铃音响，一方面点亮相应的光字牌。由于有些异常运行情况是暂时的，如短时过负荷等，可延迟一段时间再发出信号，因此，预告信号分为瞬间预告信号和延时预告信号两种。

7.4.3 位置信号装置

通常用灯光信号显示断路器的运行状态，用“指示器的红绿”显示隔离开关的位置。红灯表示断路器接通，绿灯表示断开。当把手的位置与断路器实际位置不对应时，指示灯将会发出闪光。位置信号装置一般装在配电盘上的控制开关和模拟母线附近。

中央信号装置由集中事故信号装置和集中预告信号装置两部分组成。两者的回路接线基本相同，不同的是前者装蜂鸣器，后者装警铃。中央信号装置可分为中央复归不重复动作和中央复归重复动作两种。小型变电站断路器数量少，同时发生故障的机会不多，一般可采用前者；对断路器数量较多、电气接线较复杂的大型变电站，则用后者。

第 8 章　离心泵机组的经济运行

8.1　机组的日常维护保养

日常维护保养工作对保证设备完好和安全供水是非常重要的一项工作，因此，机电运行人员决不能掉以轻心。

任何事物的产生都有一个从量变到质变的过程，机组的安全运行更是如此。往往对一个小问题的忽视，均可能造成不可弥补的损失，故机电运行人员除对机组运行的各项参数和现象进行严密监视外，还应做好下列日常的保养维护工作。

8.1.1　对水泵的日常维护保养要求

（1）应及时补充轴承内的润滑脂，保证油位正常，定期测油质变化情况，并按规定周期换用新油。

（2）根据运行情况，应随时调整填料压盖松紧度，填料密封滴水宜 30～60 滴/min 为好。

（3）根据填料磨损情况及时更换新填料。更换填料时，每根相邻填料接口应错开大于 90°。水封管孔应对准水封环进水孔，填料最外圈开口应向下。

（4）应注意监测水泵振动，超标时应检查固定螺栓和与管道连接螺栓有无松动，不能排除时应立即上报。

（5）应检查、调整、更换阀门填料。做到不漏水、无油污、无锈迹。

（6）应注意真空表、压力表、流量计、电流表、电压表、温度计有无异常情况，发现仪表失准或损坏时应及时上报更换。

（7）设备外部零部件，应做到防腐有效、铜铁分明、无锈蚀、不漏油、不漏水、不漏电、不漏气（真空管道及吸水管道）。

（8）各部零件应完整，设备铭牌、标志应清洁明晰。

（9）随时搞好设备及室内环境卫生。

8.1.2　电动机日常维护保养要求

（1）应保持正常油位，缺油时应及时补充同样油质润滑油，对油质应定期检测，发现漏油、甩油现象应及时处理。油质不符合要求时应换用新油。

（2）电动机与附属设备外壳以及周围环境应整洁。

（3）设备铭牌及有关标志应清洁明晰。

（4）绕线式异步电动机和同步电动机的电刷磨损到2/3时，应上报检修、更换新电刷。

（5）发现电刷打火应上报及时处理。

（6）井用潜水电动机每月应测一次引线及绕组绝缘电阻，并应符合运行要求。

8.2　综合单位电耗与经济运行

我国是一个发展中的国家，多年来国家极其重视发展能源建设，尤其是电力能源的发展。但由于国民经济的迅猛发展和人民生活水平的不断提高，电能的消耗更是与日俱增，因之在供与求方面仍存在一定缺口，为此，我们在各岗位上应积极努力提高电能利用率，节约宝贵的电力资源，以促进国民经济的持续发展和满足人民生活日益增长的需要。据有关部门统计，泵的动力消耗约占全国总发电量的20%左右，在我们供水行业中泵的能源消耗约占企业能源消耗的80%～90%。故做好经济运行工作，不仅可为国家的经济发展作出贡献，而且对降低本企业的成本也是非常有必要的。

为了促进供水企业重视节约能源工作，2008年国家技术监督局发布了《离心泵、混流泵、轴流泵与旋涡泵系统经济运行》(GB/T 13469—2008)，用以考核供水企业，促进企业以先进的设备、技术提高电能利用率，达到降低能耗的目的。

8.2.1　综合单位耗电指标的含义

综合单位耗电指标是千瓦时/(1000米^3·兆帕)［kW·h/

(1000m^3 · MPa)]，其含义是规定乡镇在供水中，在扬程1MPa、供水量为1000米^3/时（m^3/h）的情况下，耗用了多少千瓦时（kW · h）的电量。国家对二级供水的配水机泵考核的指标是450（kW · h），从指标的含义中不难看出，在同样的供水扬程和供水量下，用电量约少则越节电。

$$电动机输入功率=\frac{泵输出功率}{机组综合效率}$$

从上式不难看出要想达到的节电的目的，最好是想办法提高机组的特性和它们在运行中的效率，所以从实质上看，综合单位电耗指标考核的是机组的运行效率。

因此，作为运行人员应当了解每台机组的特性和它们在运行中的效率，尽量使之在水泵的高效区内运行。

为了摸清每台机泵每时的运行情况，我们应每小时了解该泵运行的参数，并做好记录，以便能较准确地计算出它们的综合单位电耗，为调度制定运行方案、设备检修和更新改造提供可靠的依据。

【例8.2.1】 某村镇水厂取水泵站，泵站供水量$Q=8.64\times10^4$ m^3/d，扬程$H=30$m；水泵及电机的效率均为70%，则该泵站工作10h电耗值是多少？

解： 泵输出功率 $P=\gamma QH=9.8\times\frac{8.64\times10^4}{3600\times24}\times30=294$ (kW)

$$电机输入功率 P_{电机}=\frac{\gamma QH}{\eta_{泵}\ \eta_{机}}=\frac{294}{0.7\times0.7}=600(kW)$$

泵站工作10h其电耗值为600kW×10h=6000(kW · h)

综合单位电耗指标的计算与统计分为卧式机组和立式机组。

8.2.2 卧式机组综合单位电耗的计算与统计

（1）卧式泵供水扬程的计算与统计。卧式泵的供水扬程从理论上讲应如下式所示：

$$H=(p_2-p_1)+(Z_2-Z_1)+\frac{v_2^2-v_1^2}{2g}$$

式中　H——扬程，m；

p_2——泵出口压力表显示之压力值，MPa，或乘以 100 后折算成 m；

p_1——真空压力表显示之压力值或真空值，MPa，或乘以 100 后折算成 m；

Z_2——压力表中心至泵轴中心垂直距离，m；

Z_1——真空压力表中心至泵轴中心垂直距离，m；

$\frac{v_2^2}{2g}$——泵出口损失；

$\frac{v_1^2}{2g}$——泵进口损失。

式中 p_2 永远为正值，当水位高于泵轴中心时，p_1 为正值，低于泵轴中心时 p_1 为负值（即产生真空）。

如果将真空表和压力表安装的高度一致使之相等，这样，$Z_2-Z_1=0$，在计算时可以省去。

式中的$\frac{v_2^2-v_1^2}{2g}$因计算起来比较麻烦且数值不大，在运行中的数值可以忽略不计（但在水泵特性测试中则必须计算）。

则上式可简化为

$$H=p_2-p_1$$

【例 8.2.2】 某水泵出口压力表 P_2 显示值为 0.3MPa，进口真空压力表 P_1 的显示值为 0.02MPa，则此时水泵的扬程为 0.3－0.02＝0.28MPa，折算成米水柱时应乘以 100，则泵的扬程为 28m。

如水泵进口真空压力表 P_1 的显示值为－0.02MPa，即产生真空值时，则该泵此时扬程为 0.3＋0.02＝0.32MPa，折算成米水柱时应乘以 100，则泵的扬程为 32m。

（2）卧式泵扬程的记录与统计。

1）应每半小时在供水日报上分别记录每台水泵的真空压力表读数和泵出口压力表读数，读数应精确到小数点后两位。

2）每日零点统计出当日每台机泵的开机时数以及平均扬程。

(3) 卧式泵出水量的记录与统计。

1) 在每台机泵均装有独立的流量计时，应每小时在供水日报中准时记录每台泵的出水量。

2) 如果不能单机安装独立流量计时，应先测试每台泵的特性曲线，并根据该时的平均扬程，求出该泵每小时的参考出水量，而后根据干管总表出水总量与每台单机出水量之和相对照，有差数时可按照各机的容量大小、水泵性能情况将差数调节好，做到各机泵出水量之和等于干管流量计之和。

(4) 根据每台机泵配置的电度表，每小时准时记录该表读数。

(5) 每日零点后根据统计的每台泵开机时数和平均扬程计算当日该机的综合单位电耗指标。现举例说明如下：

【例 8.2.3】 某配水泵房装有一台 24Sh－13 型机泵，该泵当日 24h 连续运行。经统计该机日平均供水扬程为 0.38MPa，日供水量合计为 86400m^3，日用电量为 12720kW·h，问其本日综合单位电耗为多少？

解： 综合单位电耗＝12700÷(86.4×0.38)＝387.4(kW·h)

该泵机当日的综合单位电耗达到 387.4kW·h

8.2.3 立式深井泵综合单位电耗指标的计算与统计

从理论上来说立式深井泵的扬程应按下式来计算：

$$H = p_e + Z + H_{动} + \frac{v^2}{2g} + h_f$$

式中 p_e——压力表显示压力，MPa，乘以 100 后折算成米水柱；

Z——压力表中心至井口测量水位点的垂直距离，m；

$H_{动}$——井口测水点至井内泵工作时水位的垂直距离，m；

$\frac{v^2}{2g}$——泵的出口损失，m；

h_f——井内泵扬水管及泵出口弯头损失，m。

注：从动水位处计算扬水量的损失。

以上公式中的数据，如果在做泵的特性曲线时是应全部考虑进去的，但作为运行人员，不可能每小时去测量一次动水位，也不可能每小时计算$\frac{v^2}{2g}$及h_f两种损失，因此这两种损失在平时记录或计算扬程时可忽略不计，所以我们可将上式简化为$H=p_e+Z+H_{动}$(m)。

立式井泵大多为巡检制，即定时的巡查制度，一般每日有2～3次到井上巡视检查，在检查时可以记录届时的出水压力、出水量、用电量等数据。如果作为月考核指标，则每月可记录压力数60～90个数值。公式中Z为常数，是固定不变的，式中的$H_{动}$（动水位）要求每月最少观测2次，计算时取其平均值，耗电量、出水量均可从两表的累计数中得到，这样就比较容易计算该井泵的综合单位电耗了。首先我们要根据平时记录的60～90个P_e数值，将其平均，求出月平均供水压力，并折算成米水柱后与当月总的供水量和用电量相比，即可求出该井泵的综合单位电耗了。下面举例加以说明。

【例8.2.4】 有一口立式深井泵，经过统计其月平均供水压力为0.32MPa，平均动水位为25m，Z值为0.5m，月总用电量为1420kW·h，月总供水量为4200m³，试计算该井泵的月综合单位电耗指标达到多少？

解： 扬程$H=0.32\times100+25+0.5=57.5$m，即0.575MPa

则综合单位电耗$=1420\div(4.2\times0.575)=588$(kW·h)

注：1）其中0.32MPa乘以100之后单位变成米再与其他相加得出供水扬程（m），反过来，为计算综合单位电耗，还应除以100变回0.575MPa。

2）月总供水量为4200m³。

该井泵月供水综合单位电耗为588kW·h。

8.2.4 机泵的经济运行

机泵的经济运行与很多因素有关，如供水工艺、泵站的总体配备、机泵设备的合理选型、供水工况等，而有些不是运行人员所能改变的。但作为运行人员仍可以从日常运行的亲身体验中积累经验，对不合理的配备可以向有关人员提出改进意见和建议。

另外尚有些在职责之内的措施也是可以实施的。

（1）通过理论与实践制定合理的高效方案。在有数台机组可供选用的情况下，可选择效率较高的机组优先使用。实践证明即便是相同型号的机泵，在运行中他们的效率也不尽相同。我们运行人员如果细心观察分析，不难找出在不同工况下或相同工况下的最佳配机运行方案。

（2）水源井的选取应根据实际情况调度。用地下水为水源的供水厂运行人员在调度水源井时，应优先选用机组效率较高的水源井；在水源井无计量、效率不明的情况时，应优先开水位高、离厂近的水源井；在有数条输水管路时，应避免集中使用一路水源井和输水管，以减少泵的扬程和管路损耗。

（3）在供水能力允许的情况下，合理调整清水池水位。清水池的运行水位与水源井泵的供水用电和配水机泵的配水用电有密切的关系，保持清水池高水位运行时，对配水机泵的耗电可以减少，但水源井机泵的耗电将会增加，反之清水池在低水位运行时，会使配水机泵的耗电增加。如果我们找到一个理想的水位，使它们的总耗电量达到最低时，则可以节约一定的用电量，当然这需要做大量工作，积累一定的资料，而且在供水情况允许时才可以实现。

（4）加强能耗指标的管理。综合单位电耗指标是供水企业的一项重要技术经济指标。指标完成的好坏直接影响到企业的供水成本和企业的经济效益。因此，指标管理有关人员，包括运行人员都应做到实事求是地认真检查指标完成情况，关心指标的变化，从中找出有利和不利因素，为设备的修理、改造和更新提供可靠的依据。